北京建筑大学城乡规划专业设计课程系列作品集

主编 张 杰 何立新 金秋野 李春青 荣玥芳

副主编 王 晶 苏 毅 顾月明 陈志端 石 炀 张颖异 杨震

顾月明 张颖异 杨震 编著

规划设计基础

教学探索与实践

华中科技大学出版社
http://www.hustp.com
中国·武汉

北京建筑大学是北京市市属唯一的建筑类高校，是北京市与住房和城乡建设部共建高校，是一所具有鲜明建筑特色、以工科为主的多科性大学，是"北京城市规划、建设、管理的人才培养基地和科技服务基地"及"国家建筑遗产保护研究和人才培养基地"。北京建筑大学1907年建校，发展至今，始终以服务首都城乡建设发展为使命，为北京城市规划建设和管理领域培养了大批优秀人才，构建了从学士、硕士、博士到博士后，从全日制本科教育、研究生教育到成人教育、留学生教育，全方位、多层次的人才培养体系。2020年9月，北京市委书记蔡奇来北京建筑大学调研时指出："北京建筑大学是培养未来规划师、设计师、建筑师的摇篮。"

2001年，北京建筑大学城乡规划专业开始招生。经过多年持续建设，北京建筑大学城乡规划专业在2012年教育部主持的学科排名中位列全国第12位，在2017年全国第四轮学科评估中被评为B-，在2019年本科生教育评估中获评优秀等级，在2021年研究生教育评估中获评优秀等级，并且在2021年获批国家一流专业。

目前北京建筑大学城乡规划专业在城乡规划专业教学指导分委员会相关培养框架的基础上，逐渐形成了自身的教学与人才培养特色，尤其是在城市与区域规划、历史城市保护规划、城市设计、乡村规划、小城镇特色规划等方面。北京建筑大学历年培养的城乡规划专业毕业生就业单位主要是国内优秀的专业设计机构及管理单位，如中国城市规划设计研究院、北京市城市规划设计研究院、北京清华同衡城市规划设计有限公司、中国建筑设计研究院等。

为更好地总结教学经验，现将2019年城乡规划专业教育评估至今三年的设计教学成果集结出版。本系列作品集一共有三个分册，包括：一分册《规划设计基础教学探索与实践》，为近三年来城乡规划专业一年级和二年级"设计初步（一）、（二）""建筑设计（一）、（二）"课程的学生优秀作业；二分册《城乡空间规划设计教学探索与实践》，为近三年来城乡规划专业三年级和四年级"城乡规划设计（一）、（二）、（三）、（四）"课程的学生优秀作业；三分册《城乡有机更新设计教学探索与实践》，为近三年来城乡规划专业五年级"毕业设计"环节各组学生优秀作业。

在当下我国城镇化进入新的历史时期的阶段，城乡规划专业教育教学也应该与时俱进，进行顺应时代发展的调整、优化与提升。"北京建筑大学城乡规划专业设计课程系列作品集"出版后，希望读者批评指正，促进我校城乡规划专业的发展与进步。

目 录

上篇·一年级

城乡规划专业是北京建筑大学的重点建设专业，秉承"立德树人、开放创新"的办学理念，坚持"服务首都城市战略定位，服务国家城乡建设发展，服务人类和谐宜居福祉"的办学定位，立足首都，面向全国，培养了一大批城乡规划、建设、管理领域的优秀人才。城乡规划专业一年级的"设计初步"课程实行"测绘—临摹—创造"的培养方式。

首先，"实物拆解""萨蒂之家测绘""千家门万户窗"三个课程单元旨在训练学生的测量技能，学生开展实物测绘后绘制平面图、立面图、剖面图和透视效果图（照片改画）。课程要求学生掌握测量、绘图工具的使用方法，了解平面构成的法则和逻辑。

其次，"初园一阶""初园二阶"两个关系紧密的课程单元重在阐释三类九品空间构件的平面与空间关联，通过九品模型的重置、拼合和调整，展现不同的设计手法和建造方式（图示和模型），并基于胡同宅院、传统园林的真实体验，尝试设计连续院落与功能性实体空间。课程要求学生掌握模型制作技巧，强化制图规范，接受美学熏陶。

再次，"柯布西耶的模度人"课程单元关注人体尺度，分析模度在建筑设计中的应用，理解设计中空间、人的尺度与行为活动的密切关系。"品味日常""生活立方"课程单元引入立体构成和色彩构成原理，关注以模型推敲设计及概念模型制作的过程。课程要求学生掌握小型建筑单体的设计及建造逻辑，并立足"空间→功能"的基本关系，将抽象的空间构成发展为丰富具体的建筑实体。

最后，"街区形态的控与制"课程单元聚焦城市营建，基于对传统街区的尺度、肌理、立面及居民生活方式的认识，学生根据用地性质、容积率、建造高度、建筑密度、绿地率等要素的要求进行街区设计。课程要求学生理解建筑体块组合、变体导致的街区虚实与空间节奏变化，认识城市形态的构成要素与影响因素。

实物拆解

01

一、题目简介

"实物拆解"课程单元要求学生选择日常事物，观察并记录物件细节构造，排布构成物件的零件，遵循一定设计逻辑，重组各形状要素，将物体的空间形态呈现在平面图纸上。该训练使学生不仅能有效体会平面设计的一般法则和基本逻辑，并且能进一步借助相应的训练条件进行有组织的形态要素构成，实现设计的初步尝试。

二、教学目标

1. 理解基本设计构思的过程与相关分析思路。
2. 掌握绘图工具的正确使用方法。

三、设计内容和要求

1. 选择一个零件数量不少于 30 个的物件，将其完全拆解。
2. 将零件按照构图美学布置在平面上，拍摄并绘制图纸。

四、成果要求

1. 按照拍摄的实物照片绘图，A3 图幅，铅笔绘制，白描或铅笔渲染。
2. 按照零件排布的顶视图绘图，A3 图幅，以拆解后零件图比例铅笔绘制，白描或铅笔渲染。

五、学生作业

学生作业见后页图。

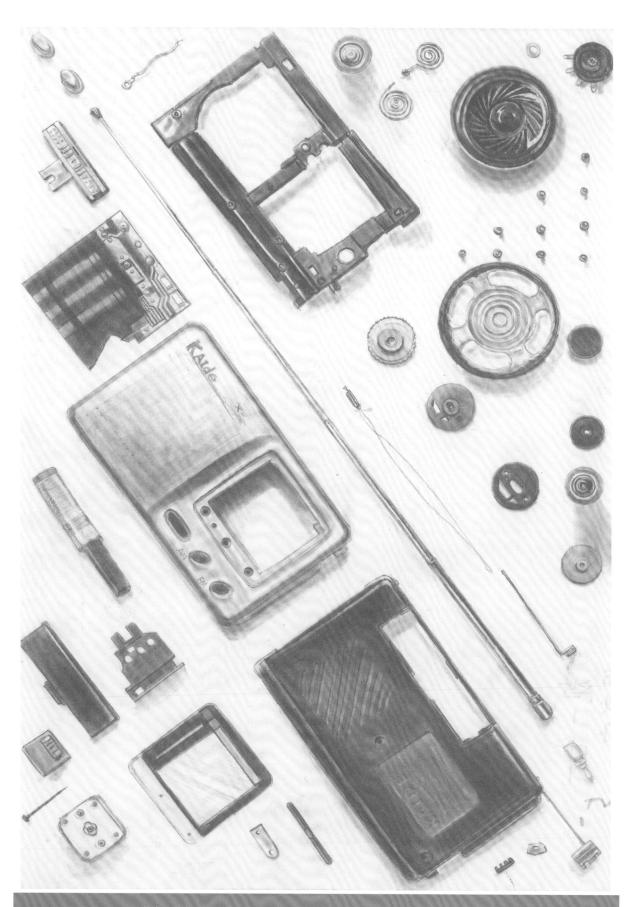

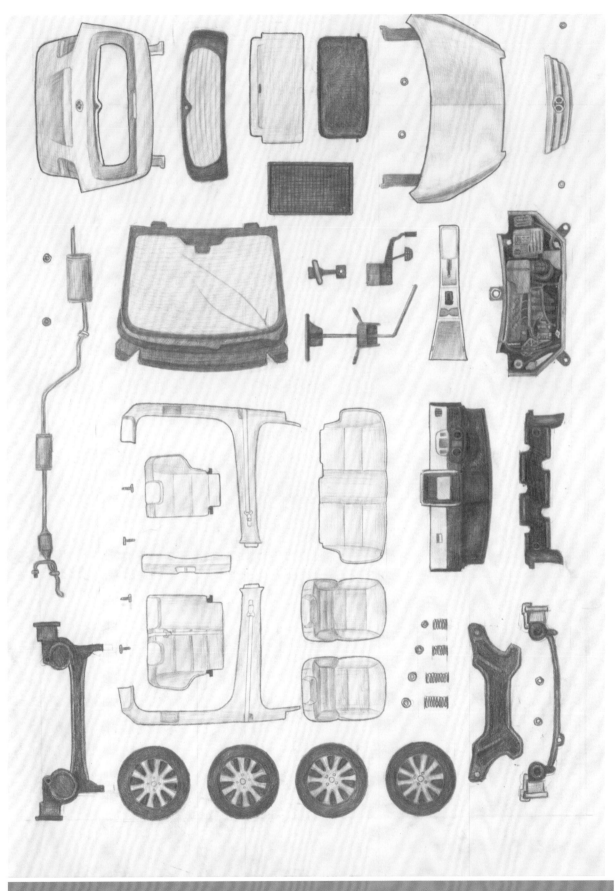

学生：卢映知　年级：2017 级　指导教师：孙立　王晶　陈志端　杨震

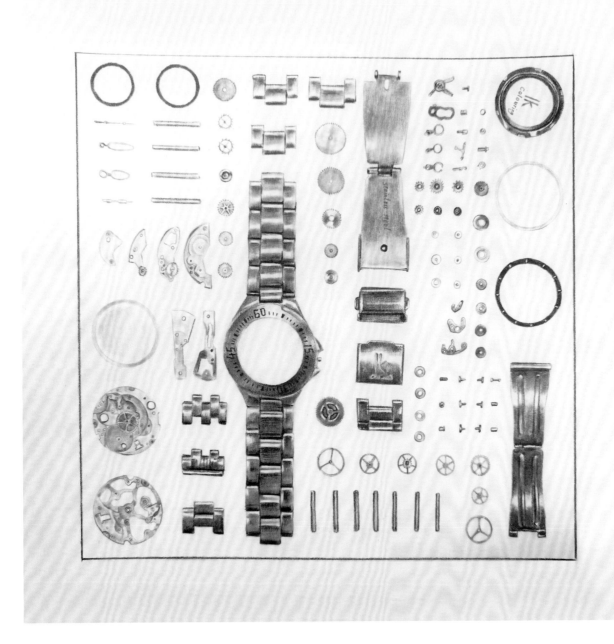

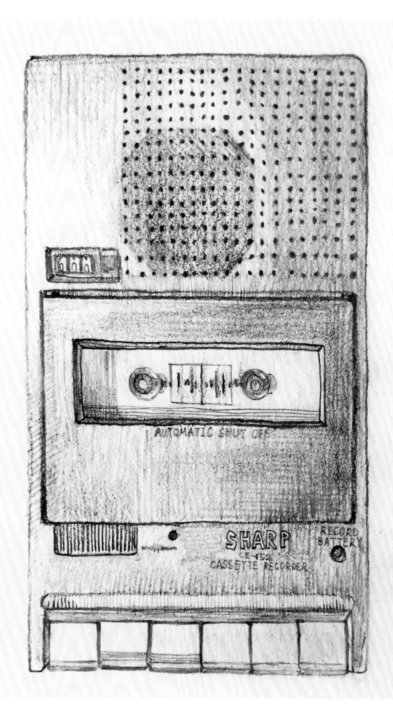

学生：林心怡　年级：2019 级　指导教师：张颖异　孙立　杨震　王晶

学生：林心怡　年级：2019 级　指导教师：张颖异　孙立　杨震　王晶

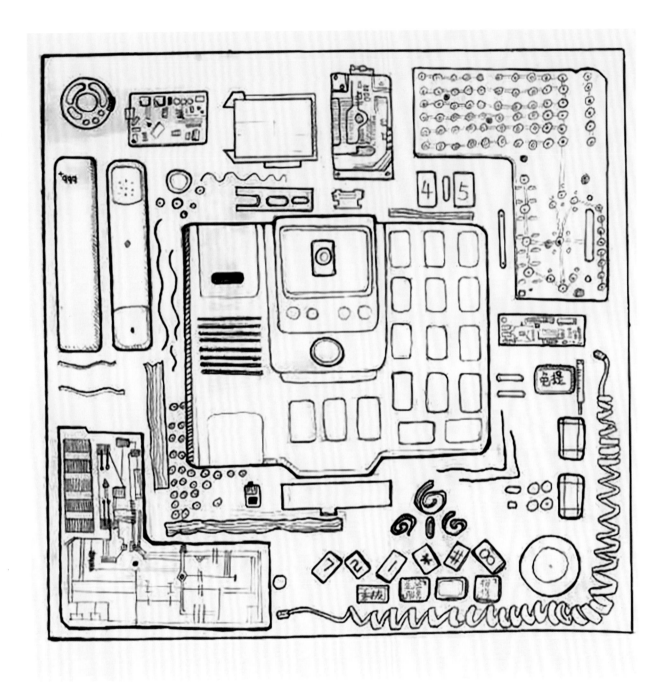

学生：冯泽华　年级：2019 级　指导教师：孙立　张颖异　王晶　杨震

萨蒂之家测绘

02

一、题目简介

　　"萨蒂之家测绘"课程单元要求学生对位于北京建筑大学大兴校区的"萨蒂之家"建筑进行测绘。"萨蒂之家"是建筑师王昀的作品，设计选取音乐家萨蒂在 1914 年所作《高尔夫》曲目的乐谱，并以此作为基本空间图式，以 8 m×48 m 的长方形限定建筑范围，确定空间形态，在空间形态中加上住宅的功能。以空间作为建筑的思考起点，使学生在测绘建筑的同时接受空间美育教育。

二、教学目标

1. 掌握绘图工具的正确使用方法。

2. 具备识图能力。

3. 参观体验，开阔视野，提高设计修养。

三、设计内容和要求

1. 建筑测量及记录。

2. 完成建筑及周边真实环境的图纸表达。

四、成果要求

1. 草图阶段：图幅不限。

2. 正式图纸：A2 图幅 4 张，包括总平面图、平面图、剖面图、立面图和透视图，墨线尺规作图。

五、学生作业

学生作业见后页图。

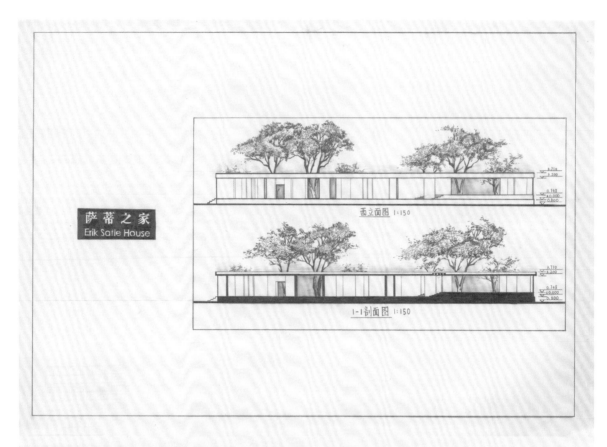

萨蒂之家
Erik Satie House

西立面图 1:150

1-1剖面图 1:150

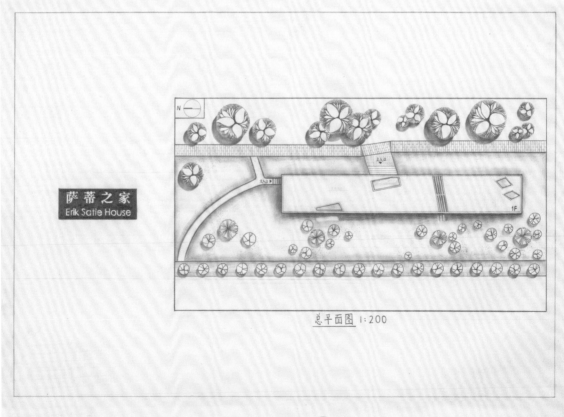

萨蒂之家
Erik Satie House

总平面图 1:200

（上）学生：慕希雅　年级：2019 级　指导教师：王晶　杨震　孙立　张颖异
（下）学生：车宛容　年级：2019 级　指导教师：杨震　王晶　张颖异　孙立

平面图 1:150

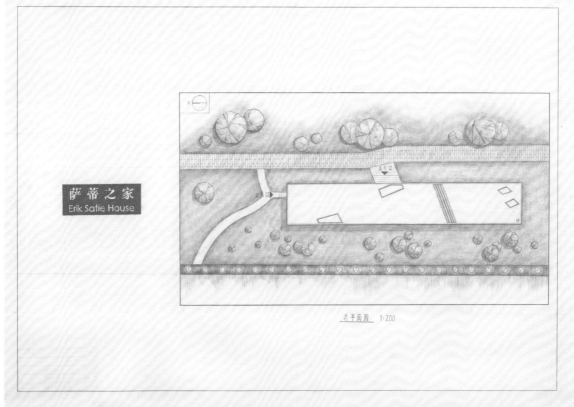

总平面图 1:200

（上）学生：刘娅迪　年级：2019级　指导教师：张颖异　孙立　杨震　王晶
（下）学生：林心怡　年级：2019级　指导教师：孙立　张颖异　王晶　杨震

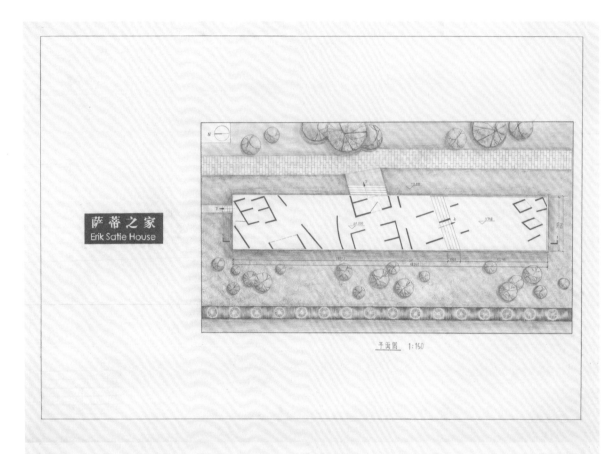

萨蒂之家
Erik Satie House

平面图 1:150

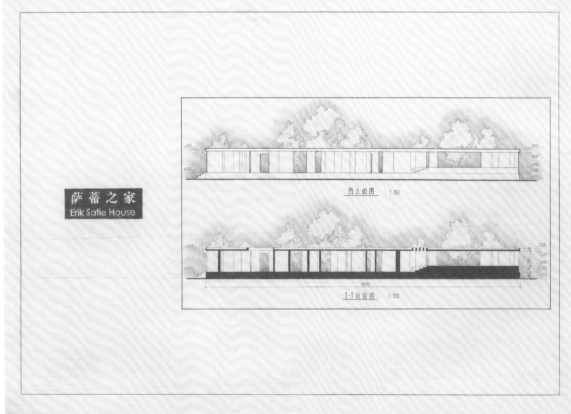

萨蒂之家
Erik Satie House

西立面图 1:150

1-1剖面图 1:150

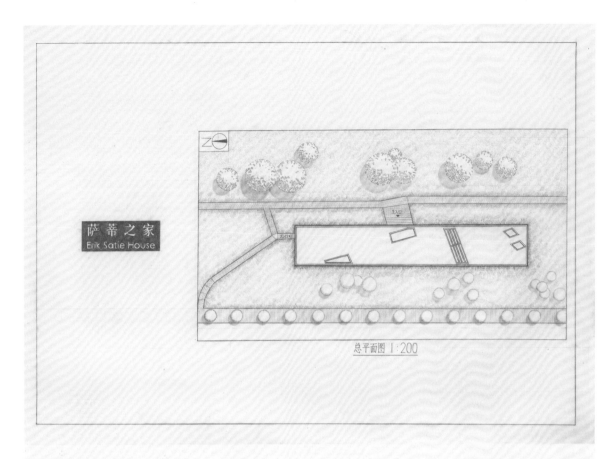

总平面图 1:200

平面图 1:150

学生：慕希雅　年级：2019 级　指导教师：王晶　杨震　孙立　张颖异

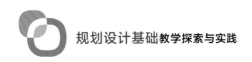
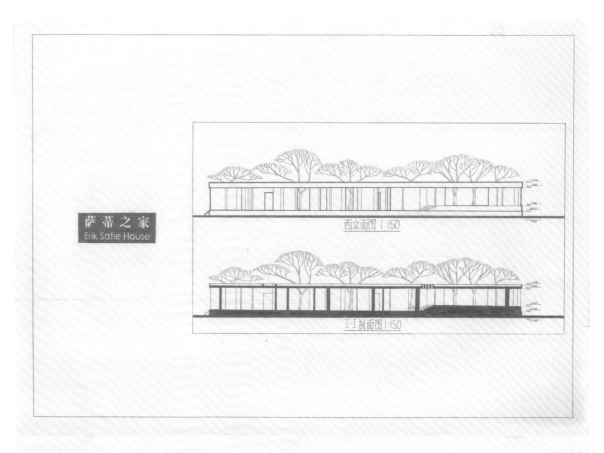

萨蒂之家
Erik Satie House

西立面图 1:150

I-I剖面图 1:150

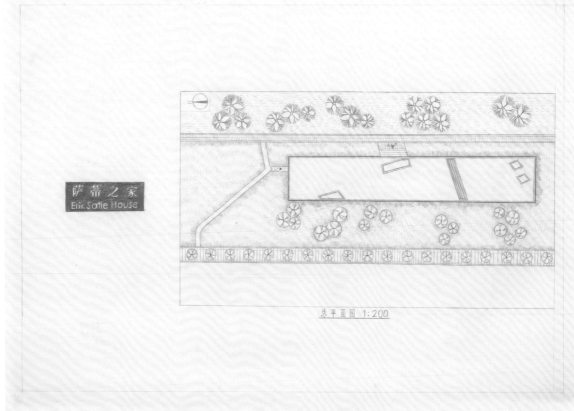

萨蒂之家
Erik Satie House

总平面图 1:200

学生：刘娅迪　年级：2019 级　指导教师：张颖异　孙立　杨震　王晶

萨蒂之家
Erik Satie House

平面图 1:150

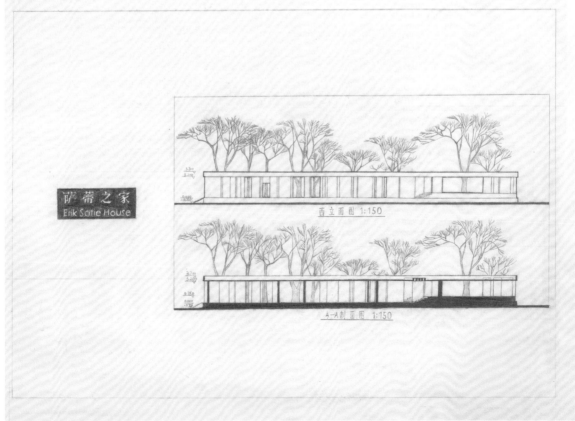

萨蒂之家
Erik Satie House

西立面图 1:150

A—A剖面图 1:150

学生：车宛容　年级：2019 级　指导教师：杨震　王晶　张颖异　孙立

03

千家门万户窗

一、题目简介

"千家门万户窗"课程单元要求学生深入体验生活，留心司空见惯的建筑构建，观察日常生活可见的门窗样式，围绕形式、材料、色彩等要素，对门窗进行分析和解读，思考门窗与建筑单体设计的关联，提升观察能力与绘图能力。

二、教学目标

1. 掌握水彩渲染基本技法。

2. 学会观察和思考，提高设计修养。

三、设计内容和要求

1. 选取建筑门窗构件进行测量、记录并绘制。

2. 分析门窗相关设计要素，完成水彩图纸表达。

四、成果要求

1.A3 图幅，选取 5 组门窗，拍摄照片或绘制水彩图。

2.A3 图幅，测绘 1 组门窗，按照 1：50 的比例绘制平面图、立面图、剖面图，用铅笔渲染人视图。

五、学生作业

学生作业见后页图。

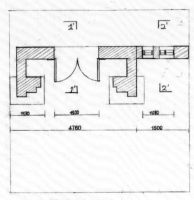

平面图 1:50

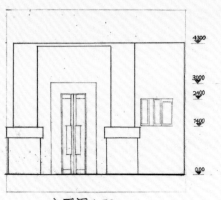

立面图 1:50

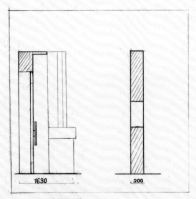

剖面图 1:50

人视图 1:50

日 常 观 察
门·窗·墙
2020.10.30

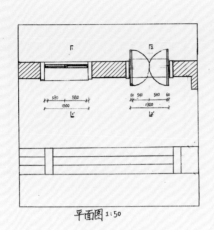

平面图 1:50

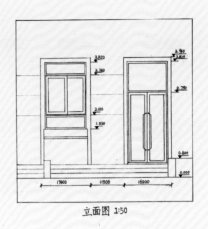

立面图 1:50

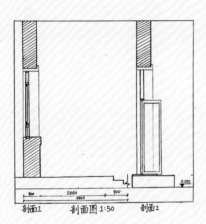

剖面1　剖面图 1:50　剖面2

人视图

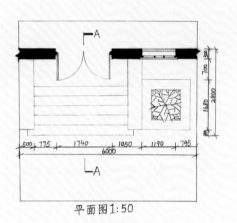

平面图1:50

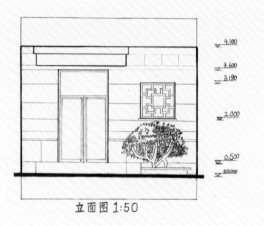

立面图1:50

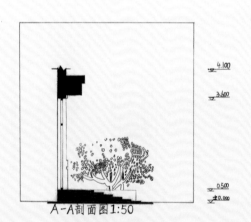

A-A剖面图1:50

人视图

日常观察

门·窗·墙

2020.10.30

学生：杨雯璐　年级：2020级　指导教师：杨震　王晶

千家门万户窗

日常观察之记录

在这个立面中，左侧和右侧的墙形成高低错落，窗户亭子周了"回"字样，古朴典雅。虽然该立面用光的效果，但像物的凄凉和考虑的对死板，但像物的凄凉和考虑的电线与建筑一静一动，相得益彰。

在这个立面中，门上是用了网格状纹和"工"字纹。达到了先古当福眼和增加字纹。窗户上运用直墙，使窗户的光的效果，窗户上运用直墙，使窗户的光与清晰，窗内的金袱也平添了一份暖意美。

在这个立面中，采乡漆的门显出历史的厚重，窗户上采用传统的寸纹，体现出中国的文化底蕴，同时门墙上的崇革和裱上的电箱透出市井风味，门口的垃圾桶也为该立面增添了几分颜值美。

在这个立面中，门前分布着屋顶减使房间采光太喝提升，同时遮尝增大，窗户面积既不至于太费电气，总显补了一些低矮楼层采光不足的问题，同时门口的垃圾桶也为该立面增添了几分颜值美。

我选择这个立面是因为它的色彩对比，浅蓝的门与红色的窗相互补充，整体色调统一。门这均操控，大浮和先筑和又为这个立面增色不少。

千家门 | 万户窗

日常观察记录

千家门万户窗
旧市观察之记录. 刘雨芃

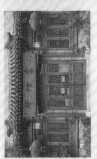

初园一阶

04

一、题目简介

1."初园一阶"课程单元通过不同综合模块循序渐进的训练，使学生不仅能有效地感知与理解设计的本质就是空间营造，而且能进一步借助相应的训练条件进行有组织的空间设计，强调设计的关联性，注重空间的内外关系。

2.把对学生设计表达能力的培养有效地综合到整个模块训练中，使之较好地掌握不同的设计表达方式（图示和模型），尤其强调对过程的记录与分析。

二、教学目标

1.要求学生掌握绘图工具的正确使用方法，以及具备较好的识图能力。

2.要求学生认真领会及解读教学内容和要求，阅读参考书。

3.要求学生积极思考，参与讨论，经常进行参观体验，开阔视野，提高设计修养。

4.要求学生能够基本表达设计构思的过程与相关分析。

5.要求学生逐步真正理解设计中空间、人的尺度与人的行为活动的密切关系，并在设计中加以实践。

三、设计内容和要求

1.解读：解读三类九品空间构件的解析文字和图纸，建立平面与空间的关联。

2.体验：结合模型进行真实空间的体验与观察，观察地点建议为传统街区的胡同宅院、传统村落和园林等。

3.临习：依据图纸制作空间模型，掌握模型制作技巧。抄绘图纸，掌握相关空间设计的制图表达方式。

四、成果要求

1.研究模型：对各品的拆解研究，比例1：50，材料不限。

2.表现模型：三类九品全部完成，比例1：50，材料为白卡纸与马粪纸，模型底部封起来。

3.图纸：铅笔单色渲染，A1图幅2张。

五、学生作业

学生作业见后页图。

学生：刘娅迪　年级：2019 级　指导教师：张颖异　孙立　杨震　王晶

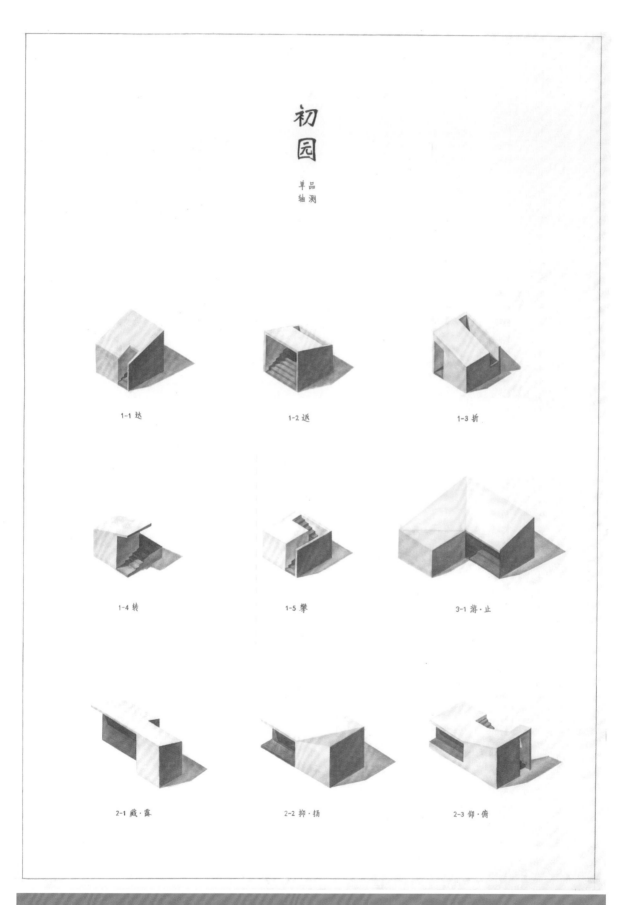

初园

单品
轴测

1-1 达　　　　　　1-2 返　　　　　　1-3 折

1-4 转　　　　　　1-5 攀　　　　　　3-1 游·止

2-1 藏·露　　　　2-2 抑·扬　　　　2-3 仰·俯

学生：刘娅迪　年级：2019 级　指导教师：张颖异　孙立　杨震　王晶

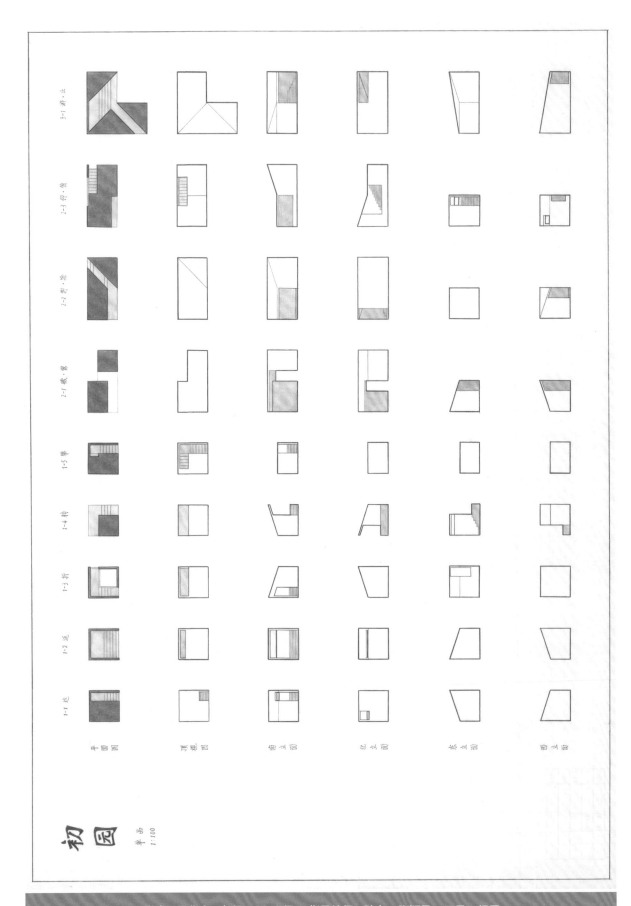

学生：吴兆庆　年级：2019级　指导教师：孙立　张颖异　王晶　杨震

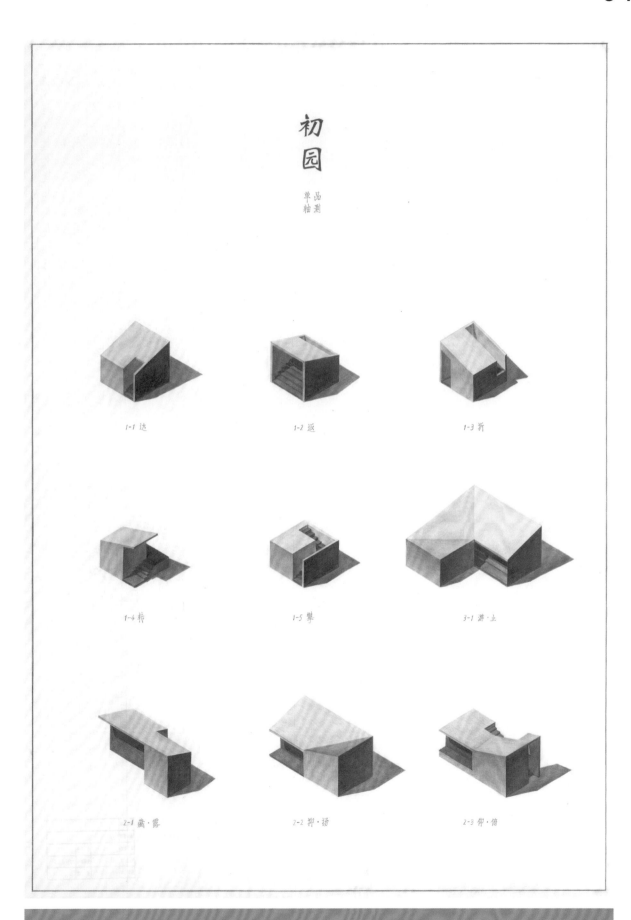

初
园

单品
轴测

1-1 达

1-2 返

1-3 折

1-4 转

1-5 攀

3-1 游·止

2-1 藏·露

2-2 抑·扬

2-3 仰·俯

学生：吴兆庆　年级：2019 级　指导教师：孙立　张颖异　王晶　杨震

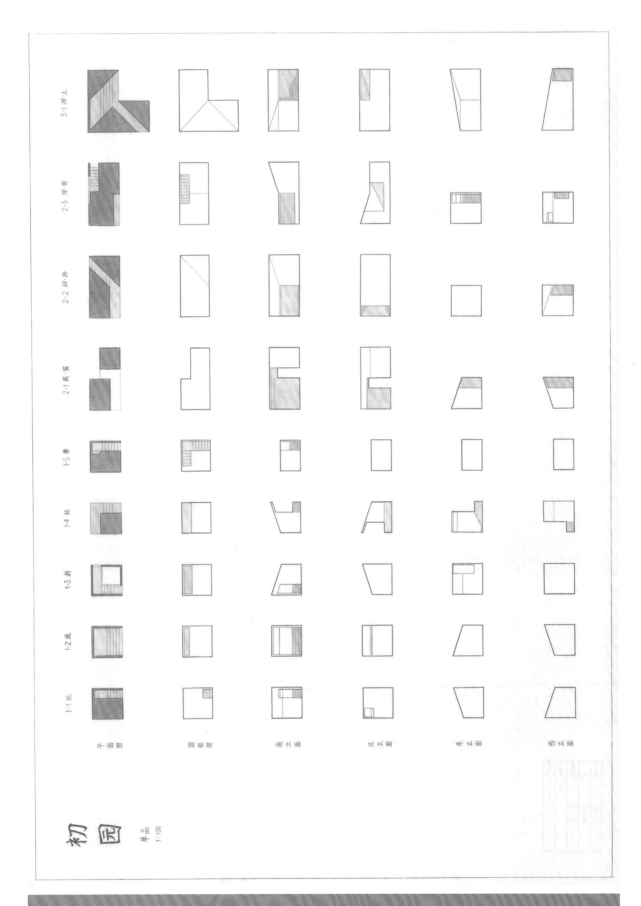

学生：慕希雅　年级：2019 级　指导教师：王晶　杨震　孙立　张颖昇

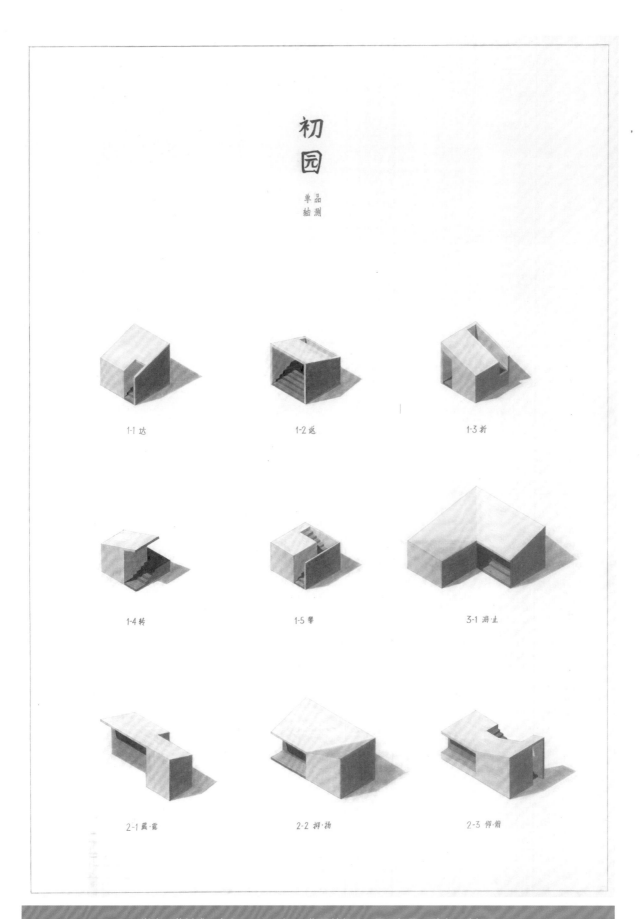

初
园

单 品
轴 测

1-1 达

1-2 返

1-3 折

1-4 转

1-5 擎

3-1 游·止

2-1 藏·露

2-2 抑·扬

2-3 仰·瞰

学生：慕希雅　年级：2019 级　指导教师：王晶　杨震　孙立　张颖异

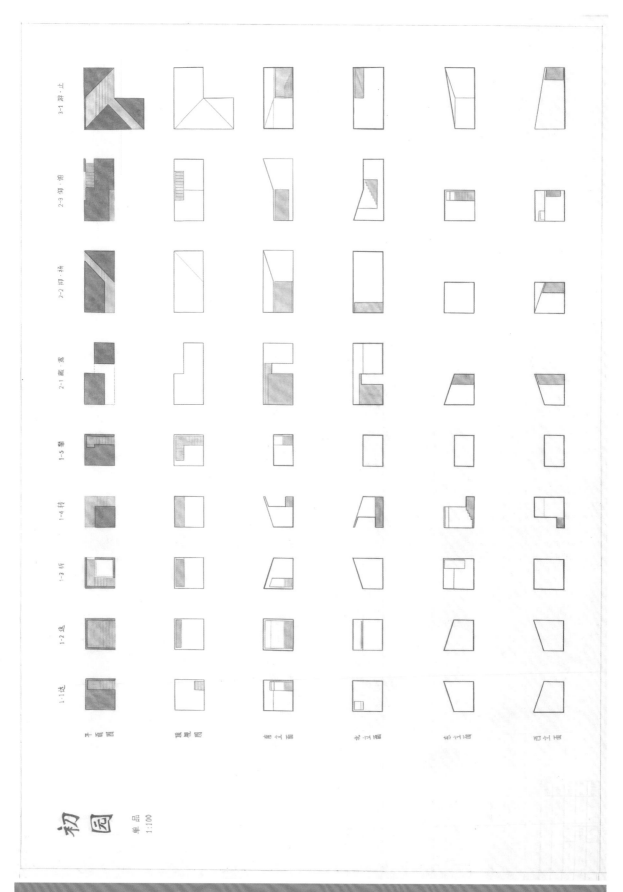

初 园

单品
1:100

学生：李一凡　年级：2019 级　指导教师：杨震　王晶　张颖异　孙立

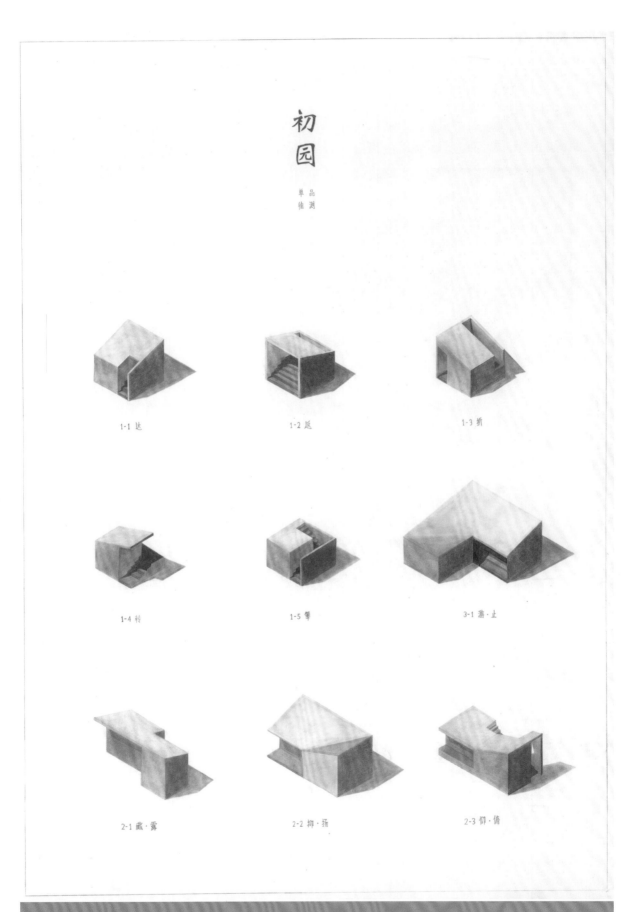

初园

单品
体测

1-1 达

1-2 返

1-3 折

1-4 转

1-5 肇

3-1 游·止

2-1 藏·露

2-2 抑·扬

2-3 仰·俯

学生：李一凡　年级：2019 级　指导教师：杨震　王晶　张颖异　孙立

初园二阶

05

一、题目简介

1．"初园二阶"课程单元通过不同综合模块循序渐进的训练，使学生不仅能有效地感知与理解设计的本质就是空间营造，而且能进一步借助相应的训练条件进行有组织的空间设计，强调设计的关联性，注重空间的内外关系。

2．把对学生设计表达能力的培养有效地综合到整个模块训练中，使之较好地掌握不同的设计表达方式（图示和模型），尤其强调对过程的记录与分析。

二、教学目标

1．要求学生掌握绘图工具的正确使用方法，以及具备较好的识图能力。

2．要求学生认真领会及解读教学内容和要求，阅读参考书。

3．要求学生积极思考，参与讨论，经常进行参观体验，开阔视野，提高设计修养。

4．要求学生能够基本表达设计构思的过程与相关分析。

5．要求学生逐步真正理解设计中空间、人的尺度与人的行为活动的密切关系，并在设计中加以实践。

三、设计内容和要求

1．案例研究：参照传统园林设计，完成场地要素图纸绘制，不同要素分颜色描绘，完成模型，体现通廊地形变化和重要视线节点场地的空间表达。

2．利用原九品模型，将其放置于 26 m×7 m 的场地中进行空间设计，在保持单品模型主体形态的前提下，可以对空间形体进行恰当的开孔、打断、连通等，以适合拼合后的整体形态。

四、成果要求

1．拼合模型。

2．表现模型：比例 1：50，材料为白卡纸与草板纸，并定制 8 mm 高密度底板。

3．图纸：铅笔渲染，A1 图幅，包括技术图纸与轴测表现图纸，共 2 张。

4．案例研究图纸：铅笔渲染，A1 图幅 1 张。

5．案例研究模型：表达地形变化和重要视觉通廊。

五、学生作业

学生作业见后页图。

初
园

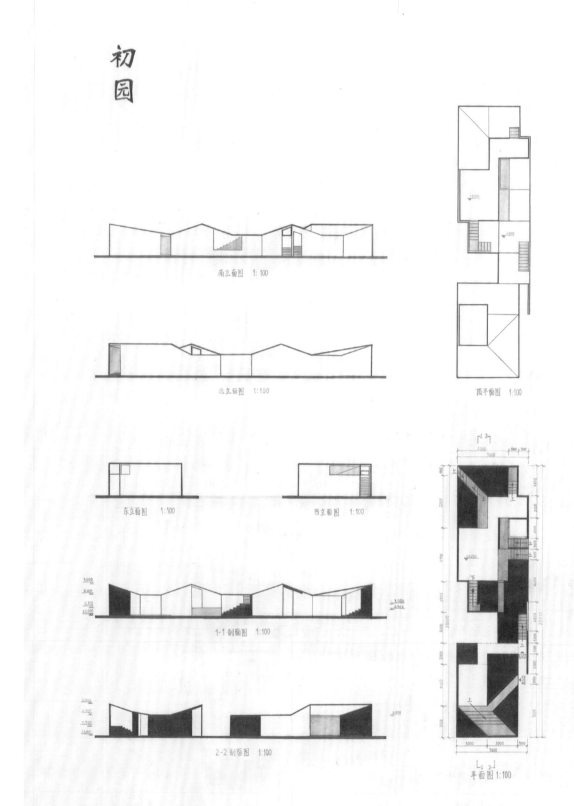

南立面图 1:100

北立面图 1:100

顶平面图 1:100

东立面图 1:100　　西立面图 1:100

1-1 剖面图 1:100

2-2 剖面图 1:100

平面图 1:100

学生：王安瑜　年级：2019 级　指导教师：孙立　张颖异　杨震　王晶

初园

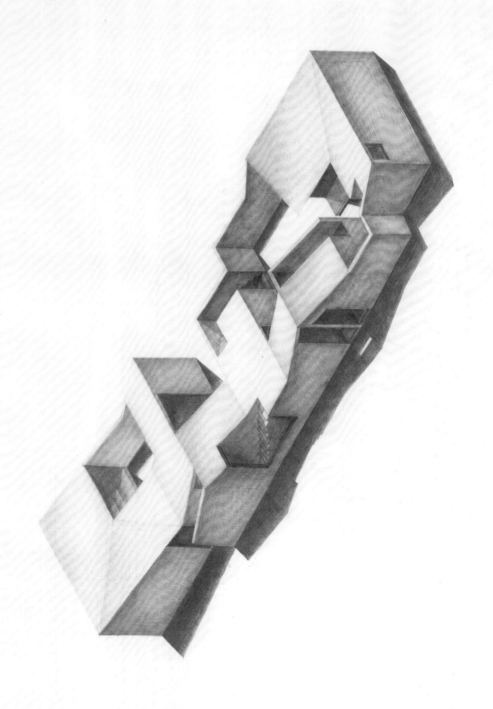

学生：王安瑜　年级：2019 级　指导教师：孙立　张颖异　杨震　王晶

初
园

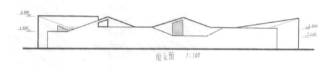

南立面 1:100

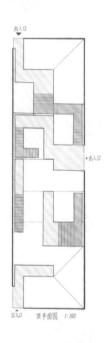

出入口

出入口

出入口

顶平面图 1:100

北立面图 1:100

东立面图 1:100

西立面图 1:100

1-1 剖面图 1:100

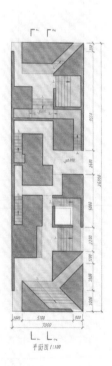

平面图 1:100

2-2 剖面图 1:100

学生：吴兆庆　年级：2019 级　指导教师：张颖异　孙立　杨震　王晶

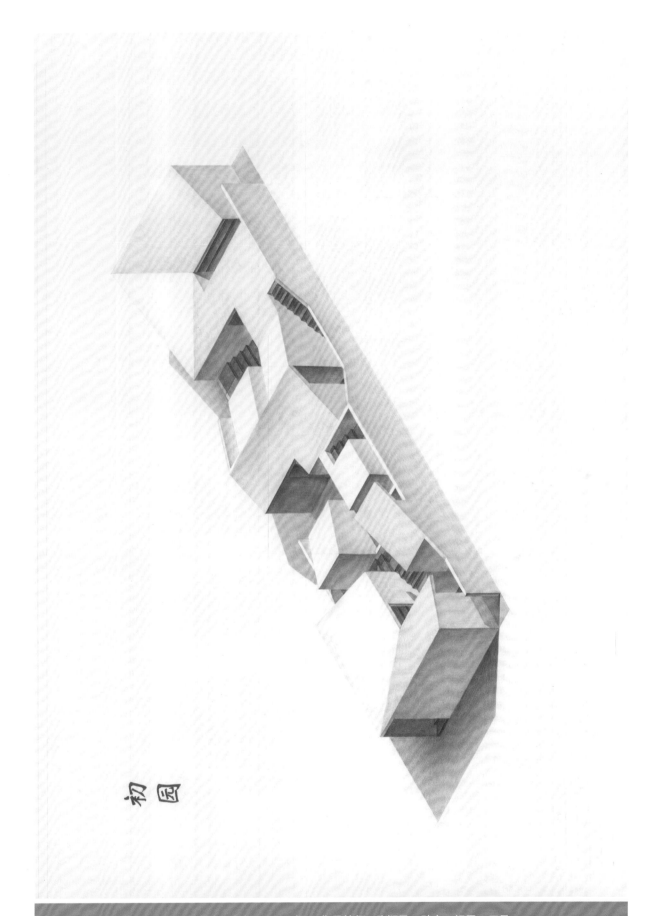

初园

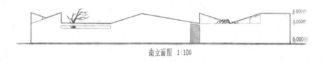

南立面图 1:100

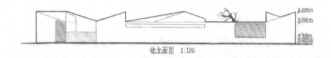

北立面图 1:100

顶平面图 1:100

东立面图 1:100　　西立面图 1:100

1-1 剖面图 1:100

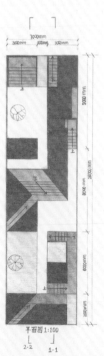

平面图 1:100

2-2　1-1

2-2 剖面图 1:100

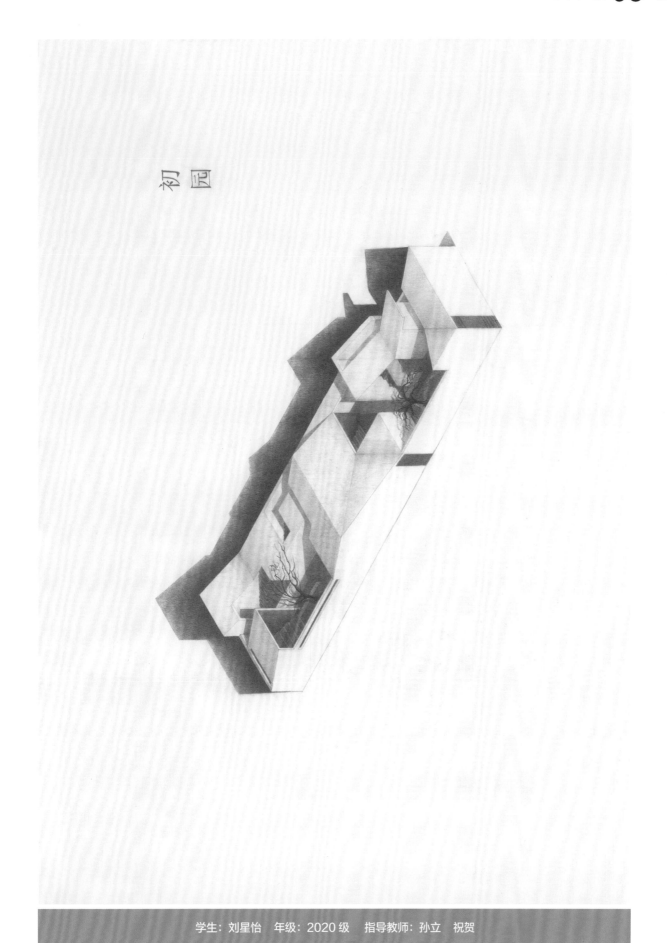

初园

学生：刘星怡　年级：2020 级　指导教师：孙立　祝贺

初
园

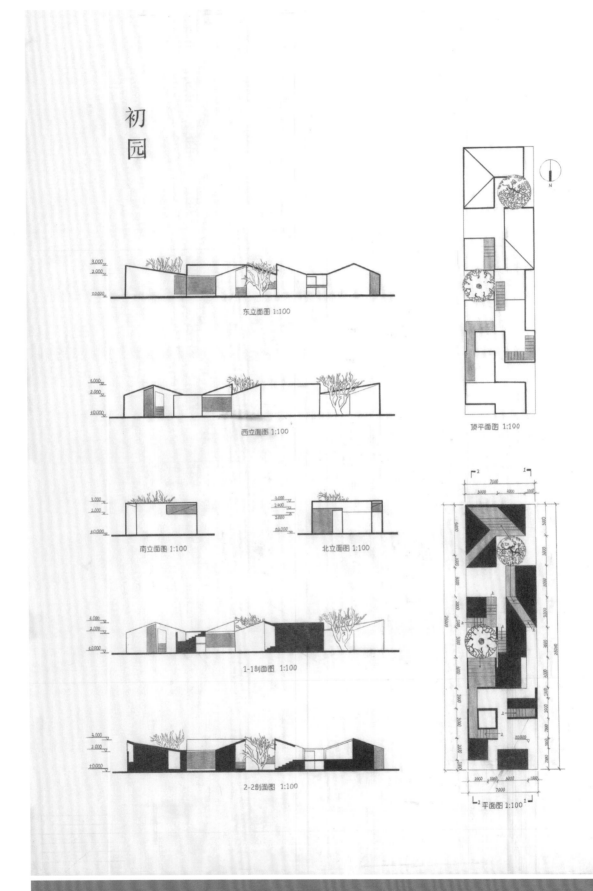

东立面图 1:100

西立面图 1:100

顶平面图 1:100

南立面图 1:100

北立面图 1:100

1-1剖面图 1:100

2-2剖面图 1:100

平面图 1:100

学生：罗金霞　年级：2020 级　指导教师：杨震　王晶

初 园

学生：罗金霞　年级：2020 级　指导教师：杨震　王晶

初
园

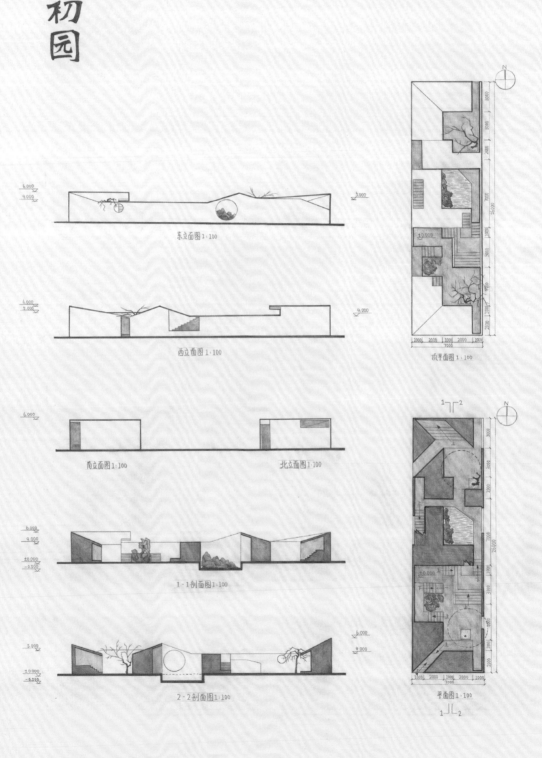

东立面图1:100

西立面图1:100

南立面图1:100　　北立面图1:100

1-1剖面图1:100

2-2剖面图1:100

顶平面图1:100

平面图1:100

学生：刘雨芃　　年级：2021级　　指导教师：王晶　杨震

初园

学生：刘雨芃　年级：2021 级　指导教师：王晶　杨震

06

品味日常

一、题目简介

"品味日常"课程单元要求学生深入城乡街区，对功能复合的建筑单体进行观察和绘制，在实地踏勘中体会日常的生活痕迹及其在建筑中的体现。该单元训练学生观察和理解建筑功能与人的行为的关系，感受日常生活的温度，培养学生发现问题并通过调研和设计解决问题的能力。

二、教学目标

1. 理解材料—建造的理念。

2. 理解小型建筑单体的设计及建造逻辑。

3. 掌握模型制作方法。

三、设计内容和要求

1. 观察北京城乡街区中一座功能复合的建筑。

2. 绘制所观察建筑的立面图，制作所观察建筑的实体模型。

四、成果要求

1. 图纸绘制：A1 图幅，写实绘制建筑立面图，水彩渲染。

2. 模型制作。

①模型准备材料：石膏粉、丙烯颜料、PVC 板、彩色纸、彩色胶带等。

②模型工具：刀、剪子、镊子、乳胶、U 胶等。

③模型比例：1 ：50，3、4 层楼高 12 m（24 cm），占地规模 15 m×15 m（30 cm×30 cm）以内；
1 ：75，6、7 层楼高 21 m（28 cm），占地规模 24 m×24 m（32 cm×32 cm）。

五、学生作业

学生作业见后页图。

学生：孙玺琰　年级：2021 级　指导教师：张颖异　孙立　杨震　祝贺

学生：袁若彬　年级：2021级　指导教师：张颖异　孙立　杨震　祝贺

学生：张旭　年级：2021级　指导教师：杨震　祝贺　孙立　张颖异

07

柯布西耶的
模度人

一、题目简介

"柯布西耶的模度人"课程单元引导学生学习柯布西耶"模度"的构建原理，分析模度在建筑设计中的应用。要求学生通过对自身实际生活经验的再思考，逐步真正理解设计中空间、人的尺度与行为活动的密切关系，并在设计中加以实践。

二、教学目标

1. 理解人体尺度的概念。
2. 理解柯布西耶总结的人体尺度和自然之间的数学关系。
3. 学习使用 Photoshop 图像处理软件，拼合照片与图纸。

三、设计内容和要求

1. 抄绘柯布西耶的模度人图示。
2. 仿照模度人动作拍照，并将照片拼合到相应模度人图纸中。

四、成果要求

A3 图幅，横向排版，还原柯布西耶的模度人图示。

五、学生作业

学生作业见后页图。

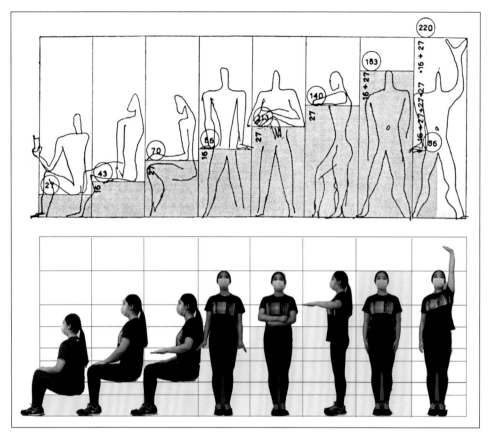

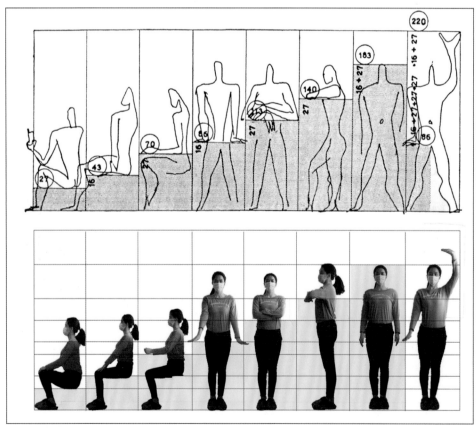

（上）学生：董浩芃　年级：2019 级　指导教师：杨震　陈志端　孙立　张颖异
（下）学生：吴兆庆　年级：2019 级　指导教师：陈志端　杨震　张颖异　孙立

生活立方

08

一、题目简介

"生活立方"课程单元要求学生能够基本表达设计构思的过程与相关分析，学习从空间的形式逻辑着手，推进设计，实现从空间构成训练到建筑设计训练的转化。以设计课程设计周的一周生活为例，归纳绘图、读书、睡眠、健身等可能进行的行为活动，将这些活动整合到一个生活立方中，形成设计方案。从"空间→功能"基本关系出发，把抽象的空间构成发展为丰富、具体的建筑空间。

二、教学目标

1. 了解多种材料和模型制作手段的配合表达。
2. 理解以模型推敲设计及概念模型制作过程。
3. 掌握小型建筑单体的设计及建造逻辑。
4. 掌握基本的柱、面、体设计语言，巩固建筑制图技能。

三、设计内容和要求

1. 建立个体居所尺度，完善任务书。根据柯布西耶"模度人"原理，引入学生个体身高，以"单手举高"为"生活立方"内高，"身高"为内宽度，"胸高"为内深度。

2. 按照特定时期，选择居所内 24 h 连续生活行为，按照构成行为的动作，"切片"的肢体移动范围分为三类。①活动范围小：＊睡眠、冥想、阅读等。②活动范围中：＊制作模型、绘制图纸、＊写作业、穿脱衣服、拿取物品等。③活动范围大：瑜伽、健身等。在这三类中，分选②、③、①种行为（＊必选），根据活动范围中和大的行为动作及范围，绘制图纸。

3. 居所内要求容纳物品，可以陈列，也可以储存，包括 70 本书、现阶段已经完成的模型、绘图工具等。

4. 按照自选动作，共计 6 种行为，完成"生活立方"设计。

四、成果要求

1. PPT 汇报：①采用 PPT 结合口头汇报的方式，总结前期调研成果；②采用 PPT 结合口头汇报的方式，汇报设计思路，提交设计结果。

2. 图纸要求：尺规作图，符合建筑制图规范要求，采取铅笔等渲染方式。

3. 模型：①生活立方采用板材完成模型；②"生活立方"模型比例 1：10，九宫格模型比例 1：50。

五、学生作业

学生作业见后页图。

生活立方
空间家具｜生活居所设计

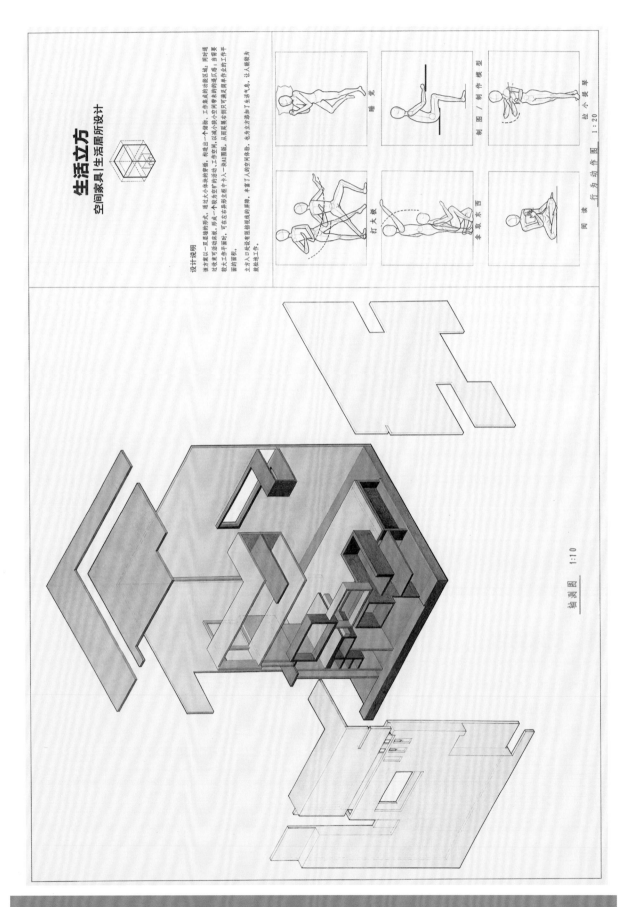

设计说明

该方案以一叠墙体的形式，通过大小体块的穿插，构造出一个墙脚、工作集成的功能区域，同时通过收束生活动作系，形成一个微空间，工作空间，试减小狭小空间带来的疏离感；当需要较大工作平面时，可在左右身影处中人一块A1图版，从而展开形成可调式简单独立的工作平面前面面积。

立方入口处处有图语组的屏障，本留了人的空间体验，也为立方添加了生活气息，让人安静专心地工作。

行为动作图 1:20

睡觉　　制图／制作模型　　拉小提琴

打大樣　　拿取东西　　阅读

轴测图 1:10

学生：林心怡　年级：2019 级　指导教师：张颖异　孙立　杨震　陈志端

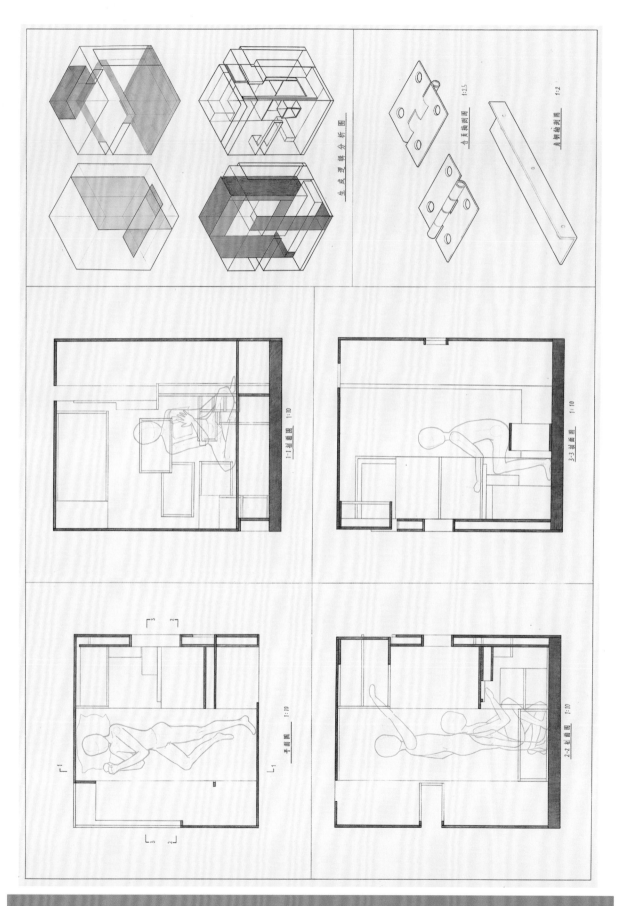

生成逻辑分析图

合页轴测图 1:2.5

身轴轴测图 1:2

1-1剖面图 1:10

3-3剖面图 1:10

平面图 1:10

2-2剖面图 1:10

学生：林心怡　年级：2019 级　指导教师：张颖异　孙立　杨震　陈志端

生活立方

空间家具 | 生活居所设计

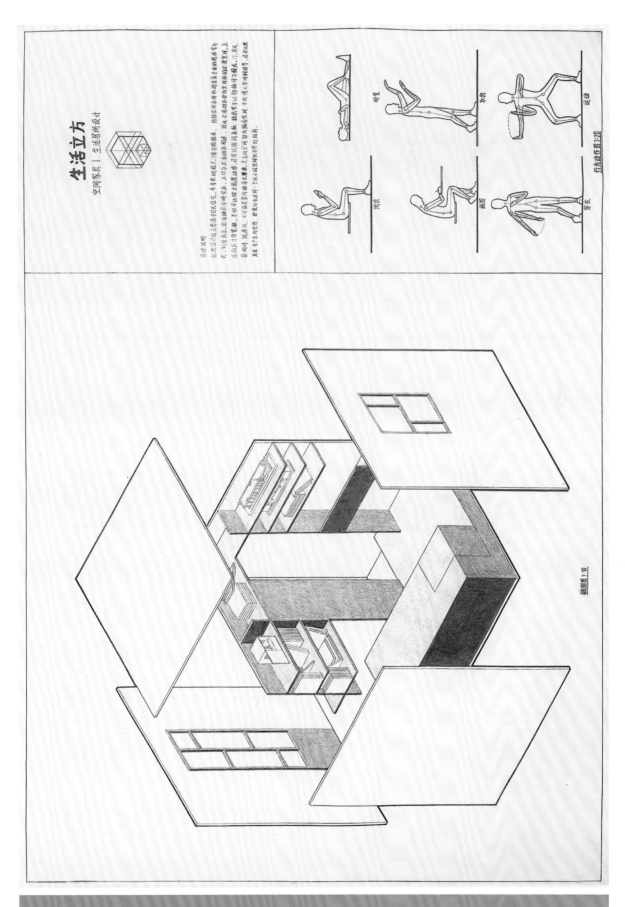

设计说明

此次设计灵感是基于我们的生活格局本，为其提供一个新的建设。内设定采用两个相互连通的单元，主空间为主，入口处为开放式的过渡空间，使得各功能区的划分更加合理。同时考虑到整体空间的采光问题，主设计了可穿透、不同体块的大跨度，让空间有更好的采光效果。据此考虑到分隔作用，又在此处设置了可穿透开敞空间，达到整体的流动感。几层，窗间可设置不同尺寸，又可为家具留有余量，既丰富空间有为输出功用的同时又在满足实用的同时，还可达成趣味空间的内在层，营造出丰富多彩、舒适而又有趣的多层次时空设计。

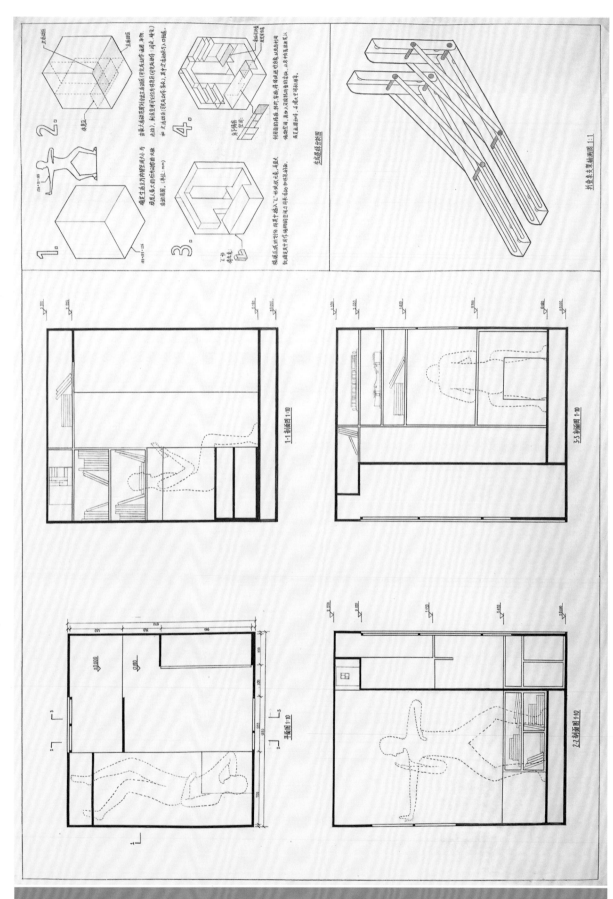

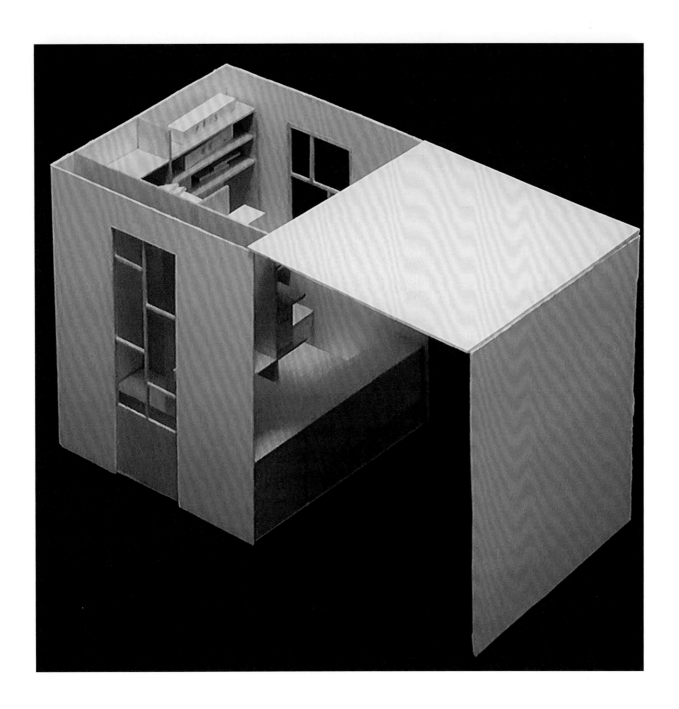

学生：慕希雅　年级：2019 级　指导教师：杨震　陈志端　孙立　张颖昇

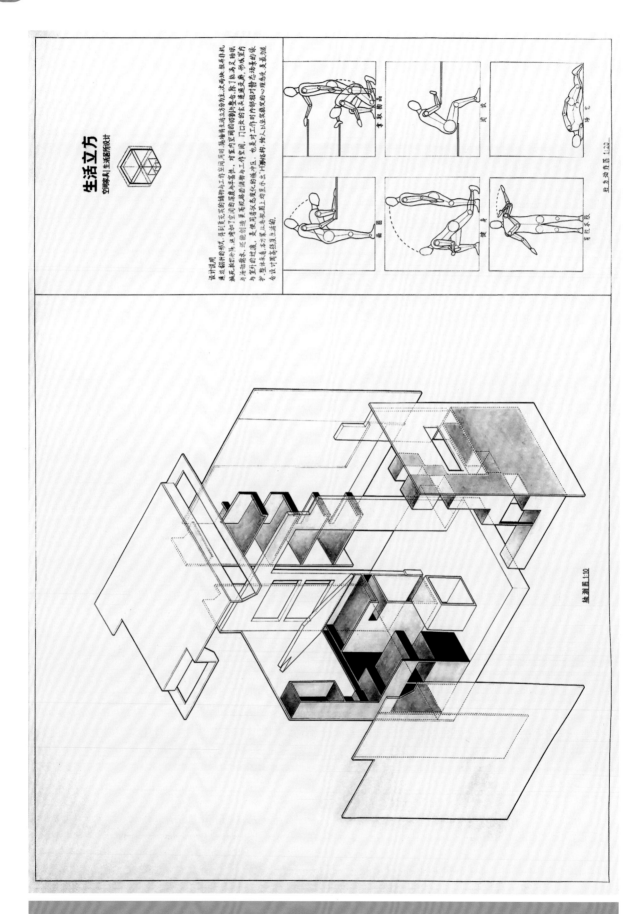

生活立方

空间单元|生活盒原设计

设计说明

轴测图 1:10

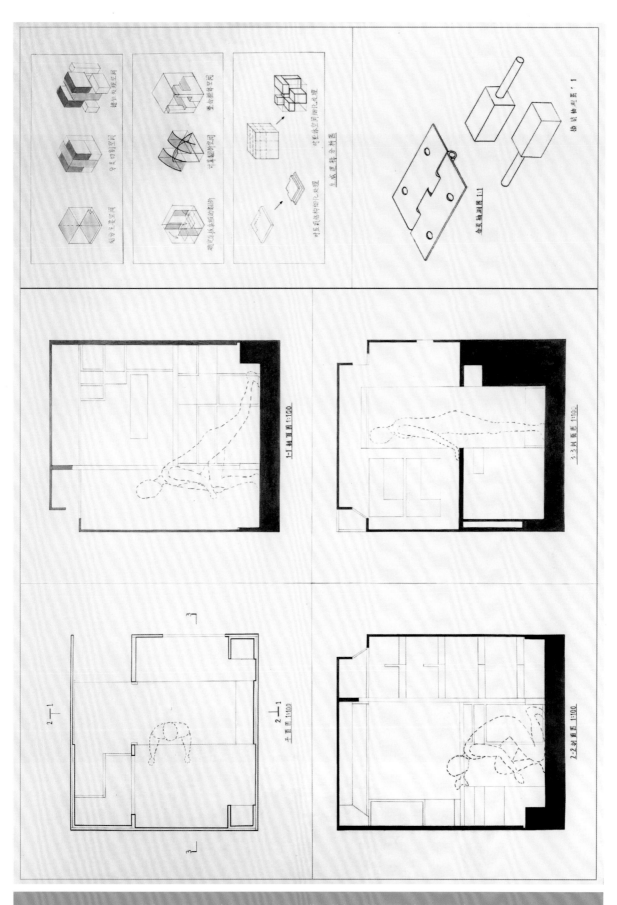

学生：吴泽阳　　年级：2019 级　　指导教师：张颖异 孙立 杨震 陈志端

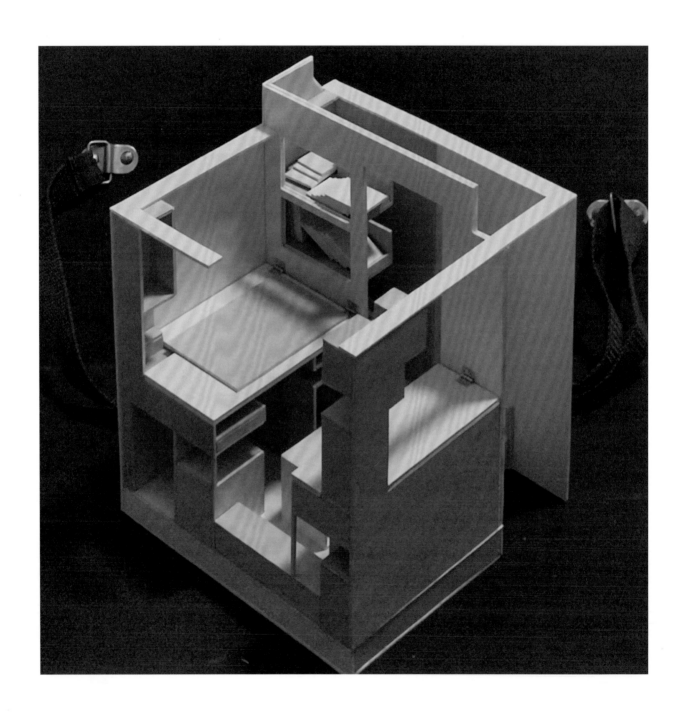

学生：吴泽阳　年级：2019 级　指导教师：张颖异　孙立　杨震　陈志端

生活立方

空间家具 | 生活居所设计

设计说明

基于对能量空。本设计经空间从纵向。通布分为三部分。其中，是用一块直立的卫板。在设置上将
空间一分为二。也实施了易置将需知每个钢物的功能。不仅如此。作为书本。立面时外景观悦受进行
了围隔。这份机内外空间的过波。让进入室内的人可以放松。获衣服。基于对个家式墙镶嵌在所围隔
"时区文置。果于可分以此围个东西面都这不用置室。同时。东前西面出给升了两个体积
的有看。下间标卡装量系保定室内木材的网构建一步强化了空间感。以此或设计。

行为功能 1:20

睡觉　阅读　冥想

读书　烹调　午休餐后

学生：林佳琪　　年级：2020 级　　指导教师：孙立　杨震　蔡超　祝贺

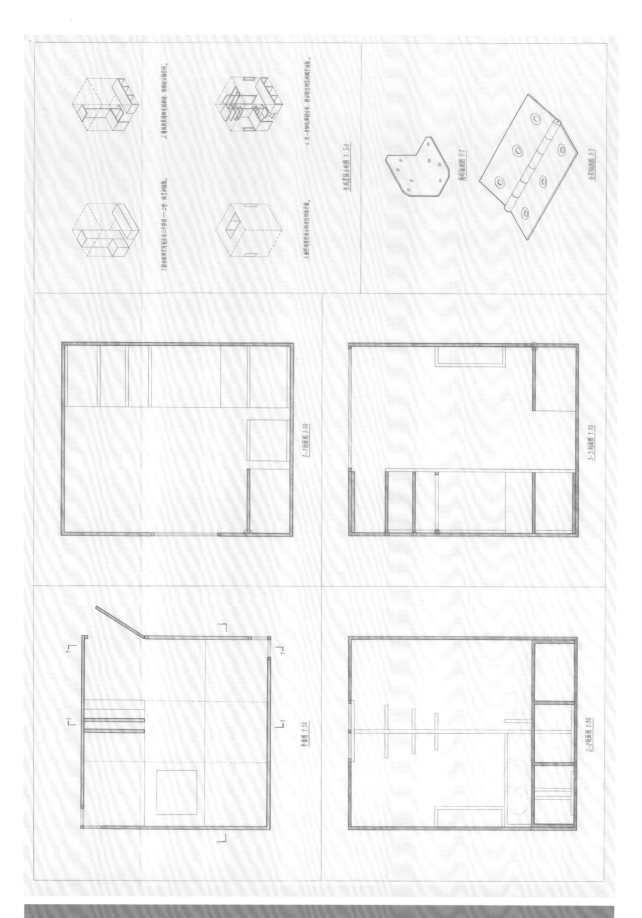

学生：林佳琪　年级：2020 级　指导教师：孙立　杨震　蔡超　祝贺

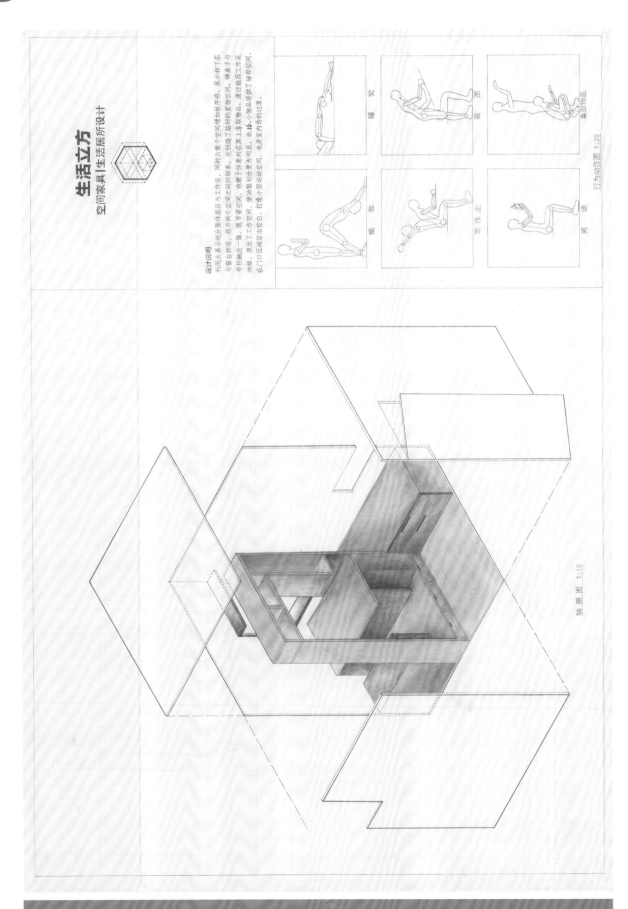

生活立方
空间家具 | 生活居所设计

设计说明

利用大展示柜分隔休息区与工作区，同时力集个空间增加秩序感。展示柜下层与管台相连，提升平台之间的联系。也创造了临时收纳空间。将桌子与书柜融为一体，既节省空间，也便于休息时在床上拿取物品。通过抬高工作区地板，突出了工作空间，使活动范围为同显，也将小物品是供了储存空间。在门口区域留出空白，打造小型运动空间，也是室内外的过渡。

行为动作图 1:20

睡　　　宽　　　画　　　圈　　　拿取物品

瑜　　　伽　　　写　　　作　　　业　　　阅　　　读

轴测图 1:10

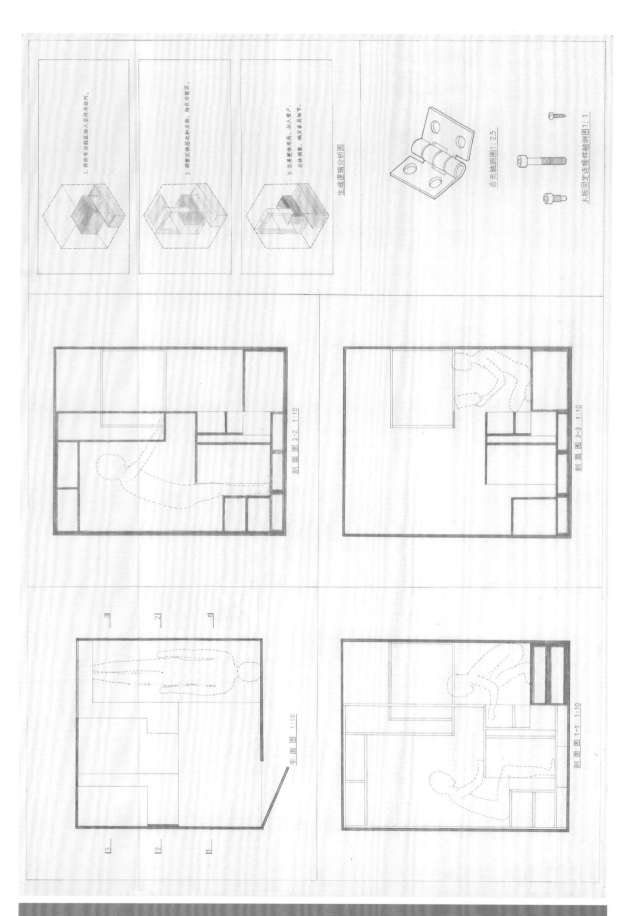

1. 将所有功能区加入空间并排列。

2. 调整区块层次和方向，划化为瞬区。

3. 完善整体布局，加入家户，完善家具细节。

生成逻辑分析图

合页轴测图1：2.5

木板固定连接件轴测图1：1

剖面图 2-2 1:10

剖面图 3-3 1:10

平面图 1:10

剖面图 1-1 1:10

学生：陈昱竹　年级：2020 级　指导教师：孙立　杨震　蔡超　祝贺

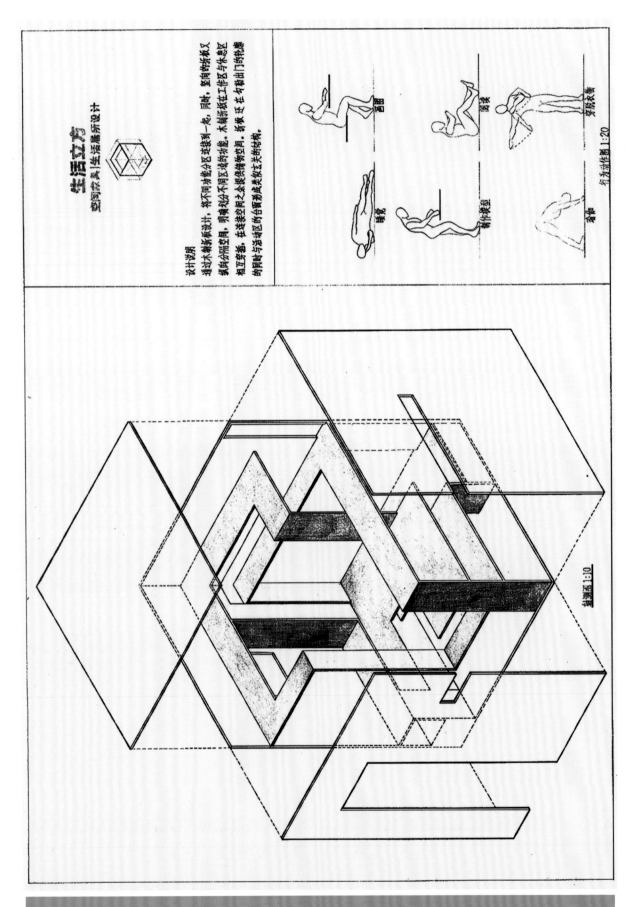

生活立方
空间家具|坐活居所设计

设计说明

通过本套系设计，将不同功能分区连接到一起，同时，竖向的联系又纵向分隔空间，明确划分不同区域的分量。木制拆板在工作区与休息区相互穿插，在连接空间之余提供储物空间，拆板还在身勾勒出门的轮廓的同时与活动区的合算易成美观的玄关的结构。

行为测绘图 1:20

看书 睡觉
阅读 制作模型
穿脱衣物 洗衣

轴测图 1:10

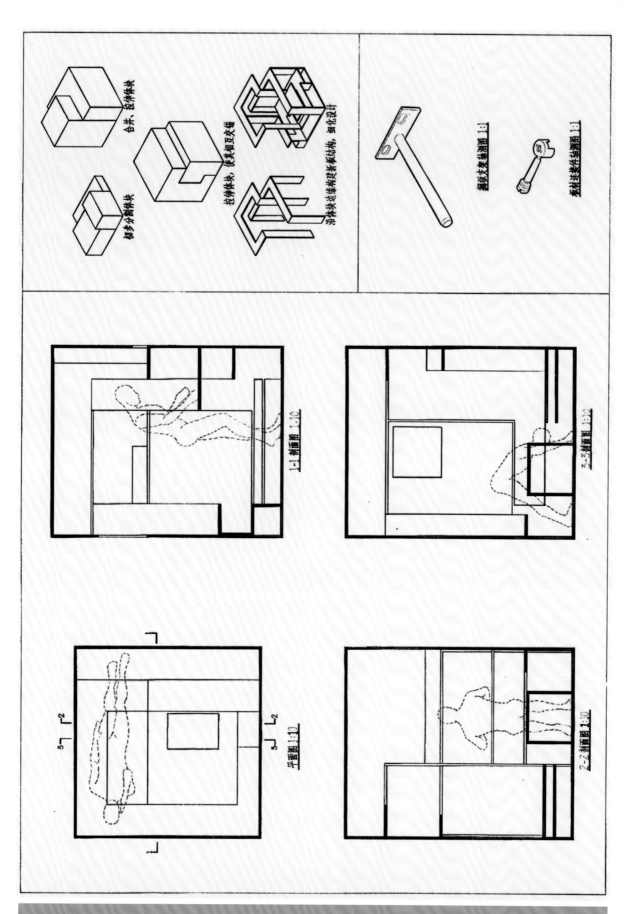

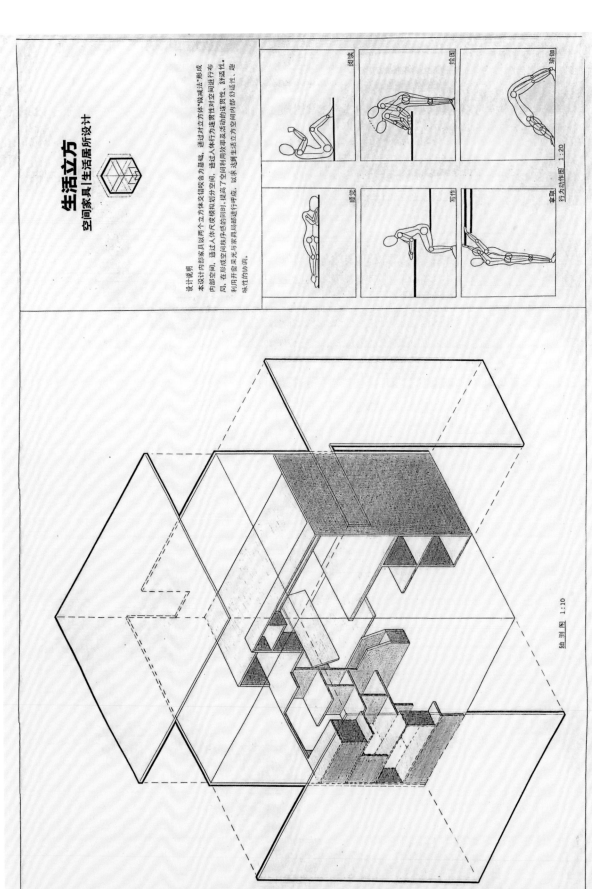

生活立方
空间家具 | 生活居所设计

设计说明

本设计内部家具以两个立方体交错咬合为基础，通过对立方体"做减法"形成内部空间，通过对人体尺度模拟划分空间。通过人体行为连贯性对空间进行布局。在形成空间次序感的同时，提高了空间利用效率及活动的连贯性，舒适性。利用开窗采光与家具局部进行呼应，以求达到生活立方空间内部的趣味性的协调。

行为动作图 1:20

阅读

绘图

瑜伽

嗅觉

写作

索取

轴测图 1:10

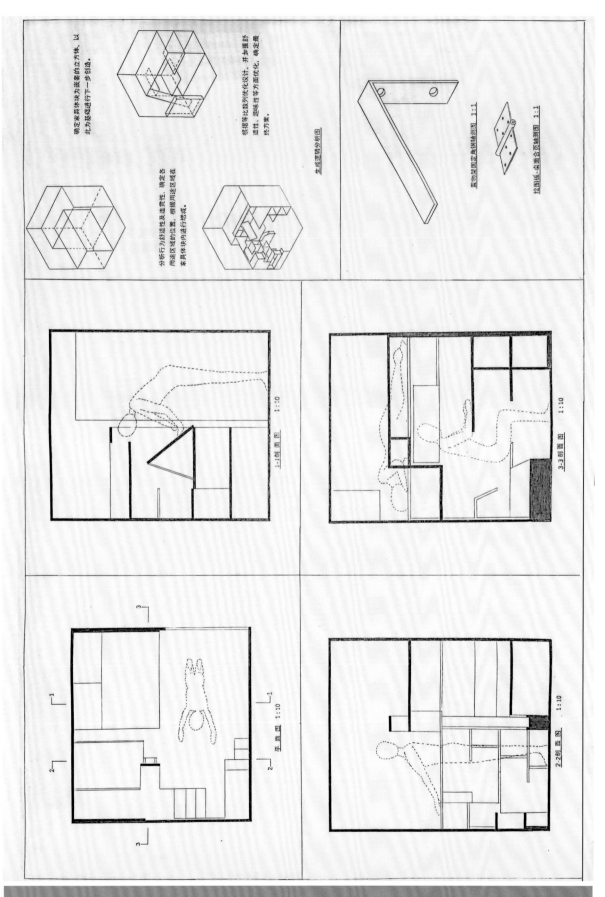

将家具体块为底套的立方体，以此为基础进行下一步创造。

根据等比数列优化设计，并加强舒适性、趣味性等方面优化，确定最终方案。

生成逻辑分析图

分析行为舒适性及连贯性，确定各用途区域的位置，根据用途区域在家具体块内进行增减。

置物架固定角倒轴测图 1:1

绘图板-桌面合页轴测图 1:1

1-1剖面图 1:10

3-3剖面图 1:10

平面图 1:10

2-2剖面图 1:10

学生：马一帆　年级：2021级　指导教师：孙立　张颖异　祝贺　杨震

09

街区形态
的控与制

一、题目简介

"街区形态的控与制"课程单元引导学生观察城市，学习从空间的形式逻辑着手，通过建筑体块的重新组合形成城市街区中的虚实变化与空间变奏。了解城市建筑、道路、设施等的布局关系，赋予城市地块多种功能，实现从立体构成训练到城市街区初步设计的转化。

二、教学目标

1. 理解城市肌理、街道和建筑尺度、生活方式。

2. 掌握给定用地范围内营建新的城市街区时对容积率、建筑密度、绿地率等条件的要求。

3. 掌握各街区地块与周边地块、城市道路等的衔接呼应。

三、设计内容和要求

1. 以学生分组形式，拟定各地块功能类型，分析其与周边用地的关系。

2. 依据给定指标条件，设计各街区的建筑组团、道路系统、绿地系统等。

3. 按照立体构成设计的一般原则，完成各地块的空间形态塑造。

4. 拼合各组设计模型，形成完整的街区形态的控与制。

四、成果要求

1. 要求：尺规作图，满足建筑制图规范要求，采取铅笔等渲染方式。

2. 城市街区模型比例 1：500，采用板材和卡纸板，区分内外部色彩。

五、学生作业

学生作业见后页图。

街区形态的控与制

吴泽阳　林心怡　冯泽华　张长歌　李皓宇

设计说明：本地块为8号地块。本方案以圆为核心要素，围绕中央圆形广场展开，给人以层层叠之感。虽多为圆形，但主西南北四个方向均能通向中心，质具"条条大路通罗马"之妙本，以此制约圆形设计，又形设计等本均封闭塞之感。南北边多有一半圆地块，东西两侧均有车道开口，既能自相对应，又能与周边地块平应。快整体区域看起来更丰富加有高台延伸的设计，北边半圆形及环形地块均采用高台延伸的设计，未来计划作为供人娱乐的场所，以扩展人的活动空间。南边办公，地块总体以北边办公南边商业为主。中间喷有草坪，从建筑高度上看，由北至南高度逐渐升高，达到了对边地形的良好应用。

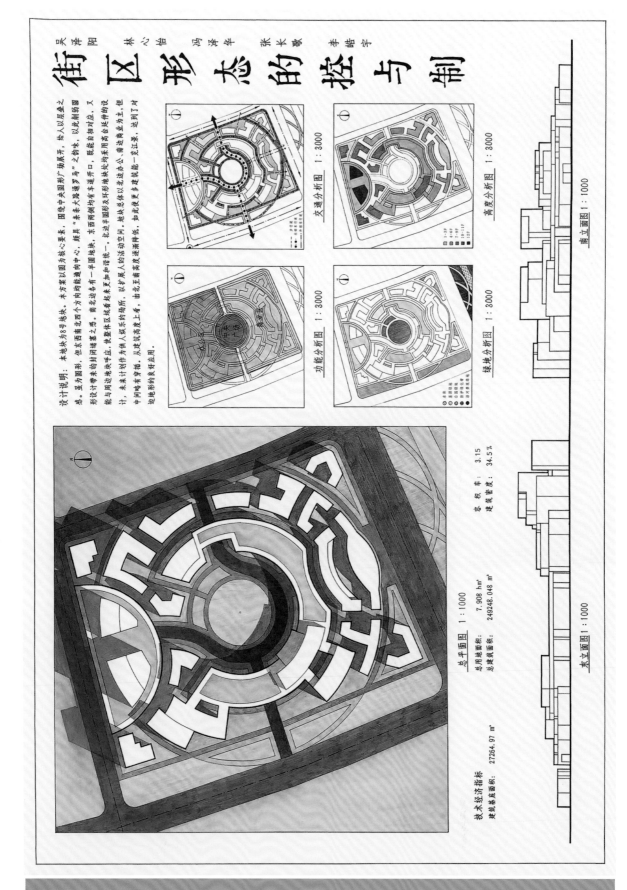

交通分析图　1:3000

高度分析图　1:3000

功能分析图　1:3000

绿地分析图　1:3000

总平面图　1:1000

南立面图　1:1000

东立面图　1:1000

总平面图　1:1000

用地面积：7.908 hm²
总建筑面积：249248.048 m²
容积率：3.15
建筑密度：34.5%

技术经济指标
建筑基底面积：27264.97 m²

学生：吴泽阳等　　年级：2019级　　指导教师：孙立　张颖异　陈志端　杨震

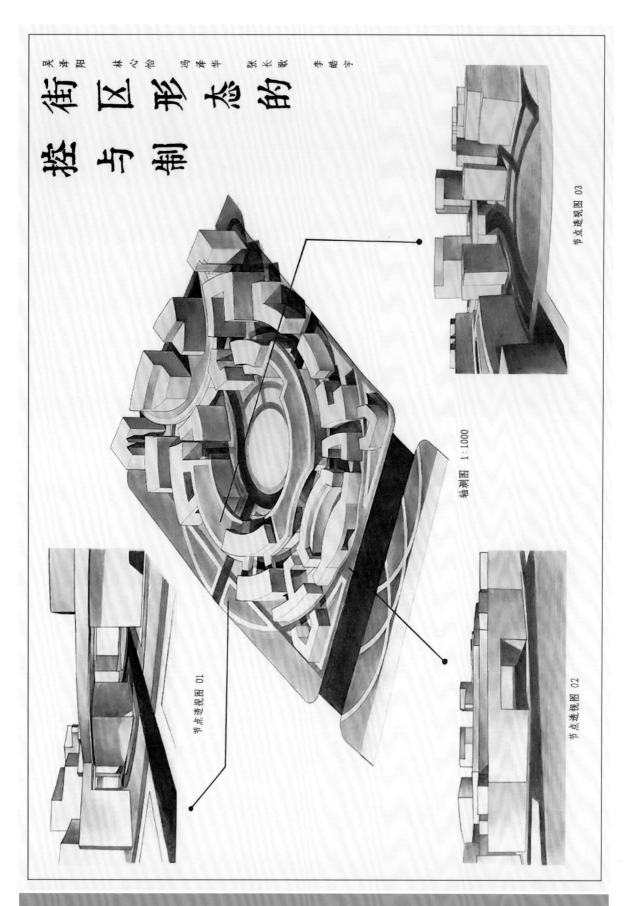

街区形态的控与制

学生：吴泽阳等

林心怡　冯译华　张长歌　李皓宇

节点透视图 03

轴测图 1:1000

节点透视图 01

节点透视图 02

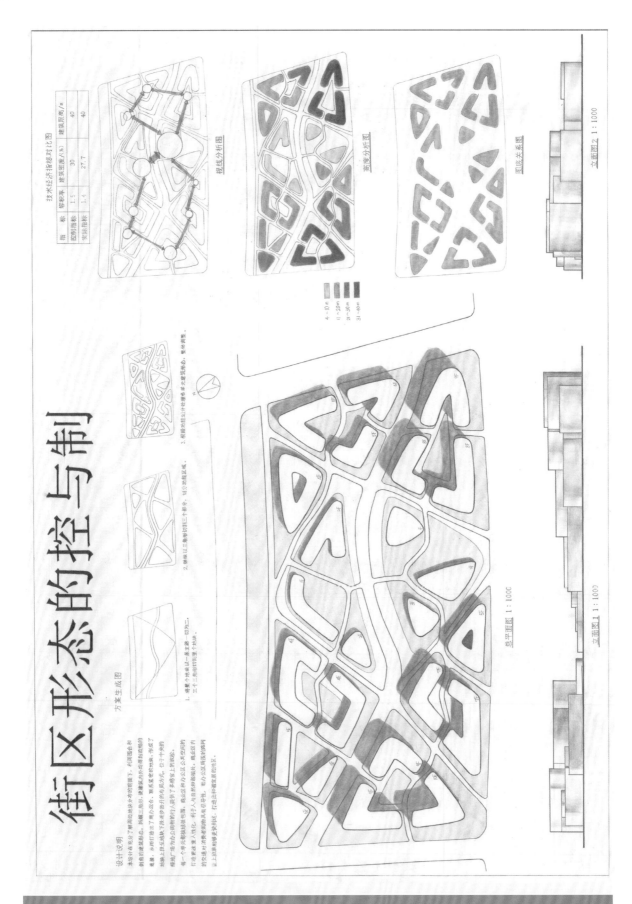

街区形态的控与制

设计说明

本设计旨在充分了解周边地块与全市的联系，利用周边合和街角的建筑物，同建三角形，建筑重点为水平得到地块的延接，从街打造出了商业办公、集系交通的态势，形成了商地、广场为办公的功能行人提供了多类型上的联系。

每一个单元都以一条主题一切为二，三十三角形的初见是一个地块。

2. 建筑以三角切割到三个部分，划分功能区域，复杂初型。

3. 根据地形规划设计打造各类主题建筑物。集体模型。

方案生成图

技术经济指标综对比图

指标	容积率	建筑密度/%	建筑限高/m
控制指标	1.5	30	40
实际指标	1.4	27.7	40

视线分析图

高度分析图

4～10m
11～20m
21～30m
31～40m

图底关系图

总平面图 1:1000

立面图1 1:1000

立面图2 1:1000

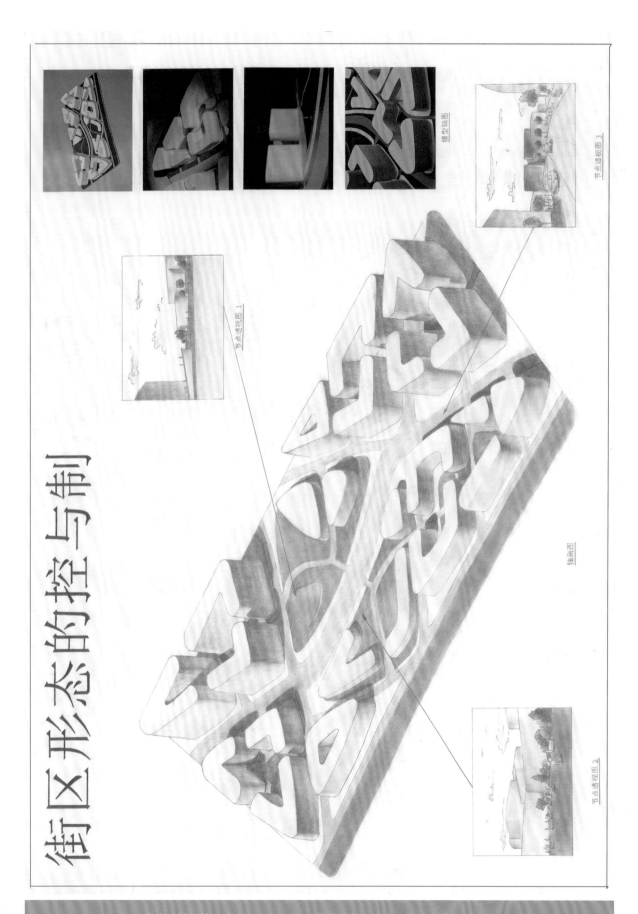

模型贴图

节点透视图 3

节点透视图 1

轴测图

节点透视图 2

街区形态的控与制

学生：杜墇等　年级：2020 级　指导教师：孙立　杨震　蔡超　祝贺

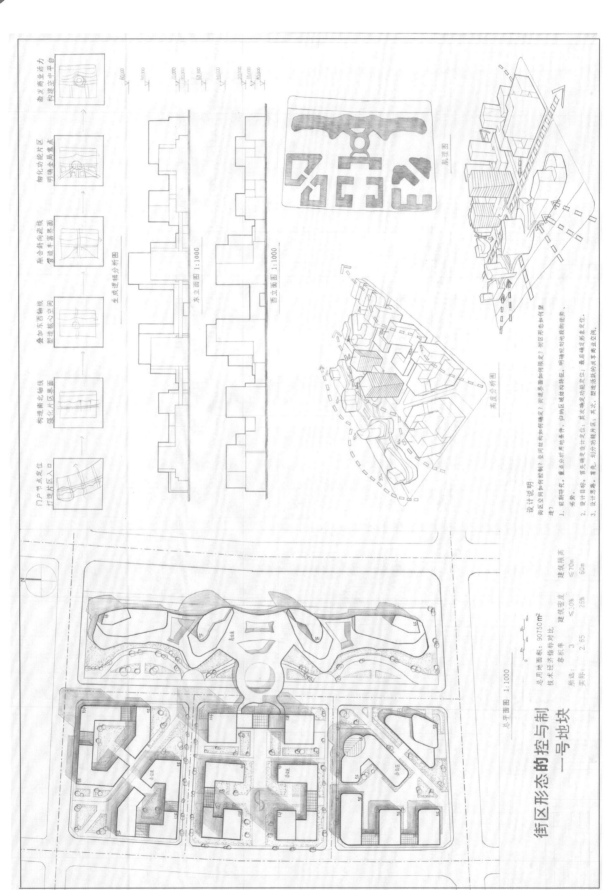

生成逻辑分析图

东立面图 1:1000

西立面图 1:1000

鸟瞰图

南庭分析图

爆发商业活力
构建架空半平台

细化功能片区
明确全局焦点

整合纵向流线
营造丰富界面

叠加东西轴线
塑型核心空间

构建南北轴线
强化片区界面

门户节点定位
打造片区入口

设计说明

南区空间如何控制? 空间控制如何精准? 街道界面如何精准? 街区形态如何精准?

1. 前期研究, 重点分析用地条件、归纳片区结构特征、明确可研区段的特征优势, 发掘其发展潜力。

2. 设计目标, 首先确定设计定位, 其次确定功能定位; 最后明确其发展定位。

3. 设计考量, 首先, 划分功能片区; 其次, 塑造活系的共享商业空间。

总平面图 1:1000

街区形态的控制与制
一号地块

总用地面积: 90750㎡

技术经济指标对比

	容积率	建筑密度	建筑限高
所选:	3	≤30%	≤70m
实际:	2.65	25%	60m

学生: 王骁然等　年级: 2020级　指导教师: 孙立　杨震　蔡超　祝贺

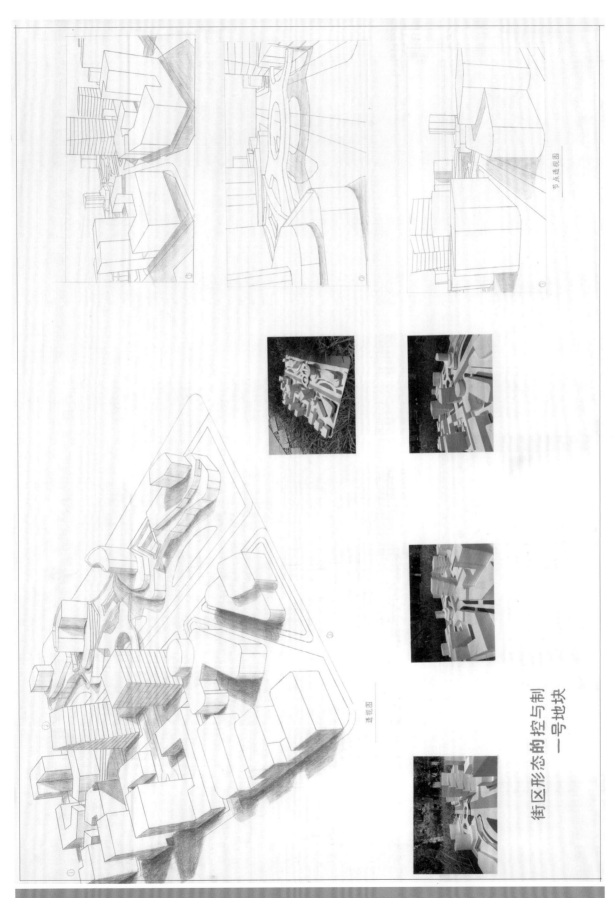

节点透视图

透视图

街区形态的控与制
一号地块

学生：王骁然等　年级：2020级　指导教师：孙立　杨震　蔡超　祝贺

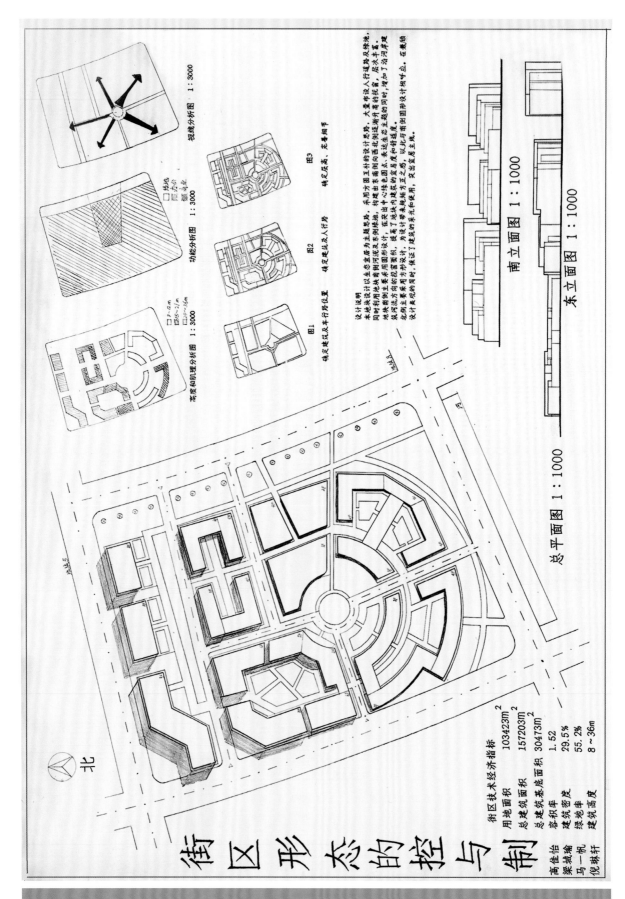

设计说明

本地块设计以生态宜居为主题基点。采用方图正背的设计思想。大量布设人行道路及绿地。同时利用地块前附闲泡况关系例规律。构建由东南侧向西北侧递增的有轴线设置，层次丰富。地块前侧主要采用圆形规划，立交出中心绿色园区。丰富了地块内建筑的宜居及有益度。提高了地块的经济面积，为设计看本地块方正之势，以北与南侧图形设计增补平点。在轴向设计支轴规的同时，保证了建筑的采光使用，突出宜居主义。

视线分析图 1:3000

功能分析图 1:3000

高度和肌理分析图 1:3000

图3 满足生活及人行为

图2 满足建筑采光界位置

图1 满足居高、无多间干

南立面图 1:1000

东立面图 1:1000

总平面图 1:1000

北

街区技术经济指标

用地面积	103423m²
总建筑面积	157203m²
总建筑基底面积	30473m²
容积率	1.52
建筑密度	29.5%
绿地率	55.2%
建筑高度	8~36m

高佳怡
梁城瑜
马一帆
倪淋轩

街区形态的控与制

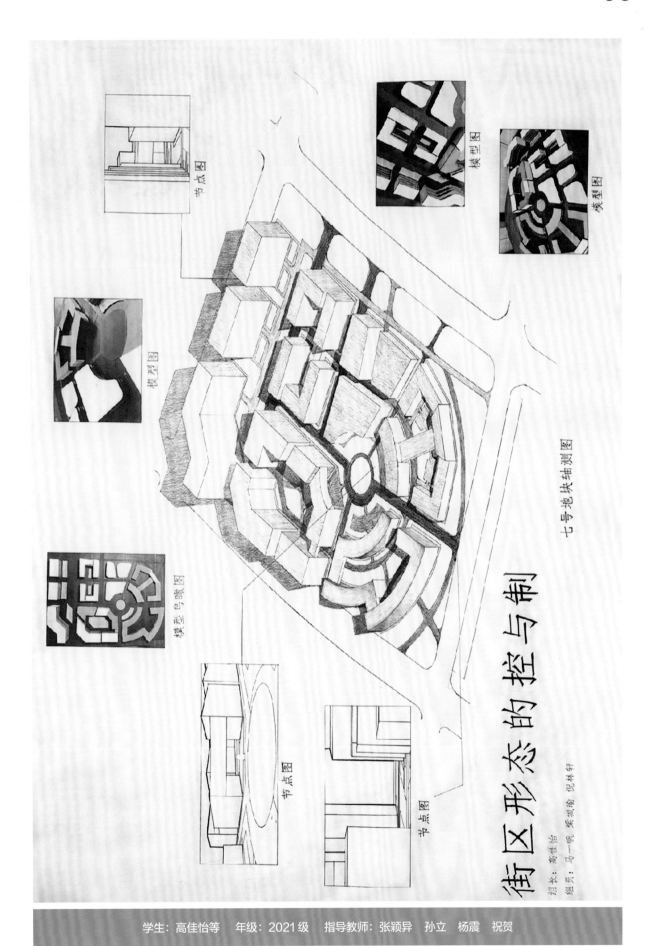

节点图

模型图

模型图

模型图

模型与鸟瞰图

七号地块轴测图

节点图

节点图

街区形态的控与制

组长：高佳怡

组员：马一帆 栾淑瑜 倪林轩

学生：高佳怡等　年级：2021级　指导教师：张颖异　孙立　杨震　祝贺

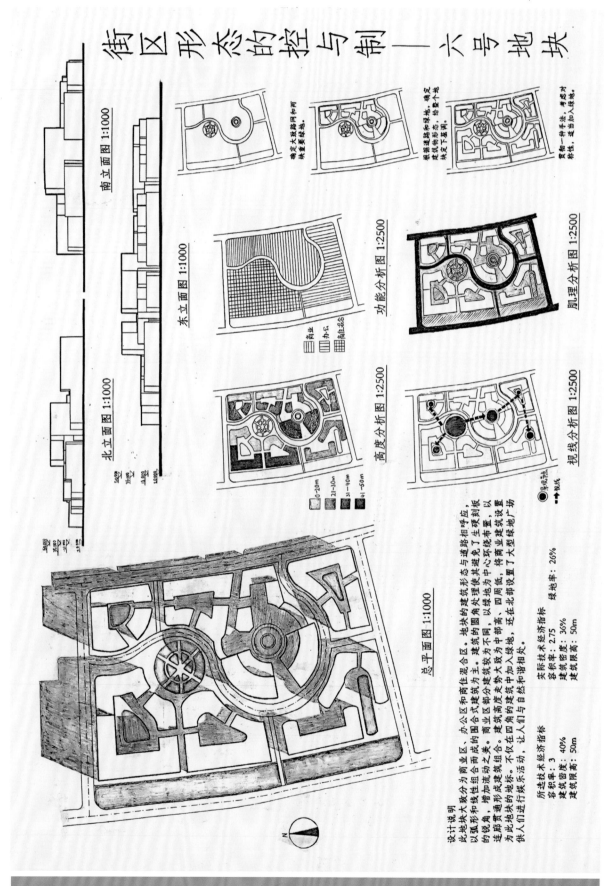

街区形态的控与制——六号地块

南立面图 1:1000

东立面图 1:1000

北立面图 1:1000

确定大范路网和块更要绿地。

根据道路和绿地，确定建筑物形态，给整个地块反下受图。

贯彻一种手法，考虑对称性，适当加入绿地。

功能分析图 1:2500

商业
办公
商住混合

肌理分析图 1:2500

高度分析图 1:2500

0~20m
21~30m
31~50m
41~50m

视线分析图 1:2500

景观点
视线

总平面图 1:1000

设计说明

此地块大致分为商业区、办公区和商住混合区。以弧形和折线形围合式建筑组合为主。地块物建筑形态与道路相呼应，建筑的圆角处理使其建筑免了生硬刻板的棱角，增加流动之类。商业部分建筑较大为中心环线布置，以连廊贯通形成建筑组合。建筑高度大致为中部高，四周低，还在北部设置了大型绿地广场，不仅在四角加入绿地，将商业建筑设置为此地块的地标。不仅在四角的建筑中加入绿地，让人们进行娱乐活动，让人们与自然和谐相处。

所选技术经济指标
容积率：3
建筑密度：40%
建筑限高：50m

实际技术经济指标
容积率：2.75
建筑密度：36%
绿地率：26%
建筑限高：50m

N

学生：王如鑫等　　年级：2021级　　指导教师：杨震　祝贺　孙立　张颖异

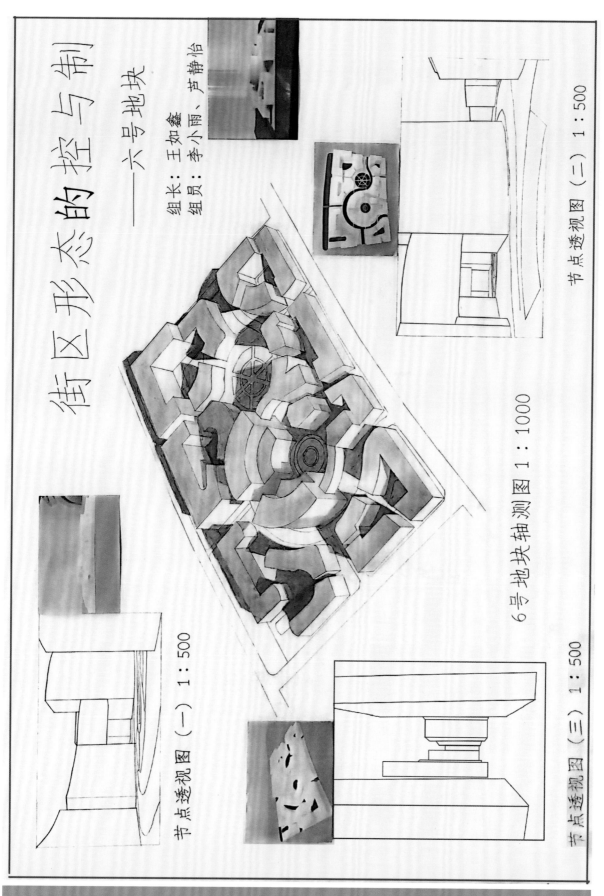

街区形态的控与制

——六号地块

组长：王如鑫
组员：李小雨、芦静怡

节点透视图（二）1：500

6号地块轴测图 1：1000

节点透视图（一）1：500

节点透视图（三）1：500

学生：王如鑫等　年级：2021级　指导教师：杨震　祝贺　孙立　张颖异

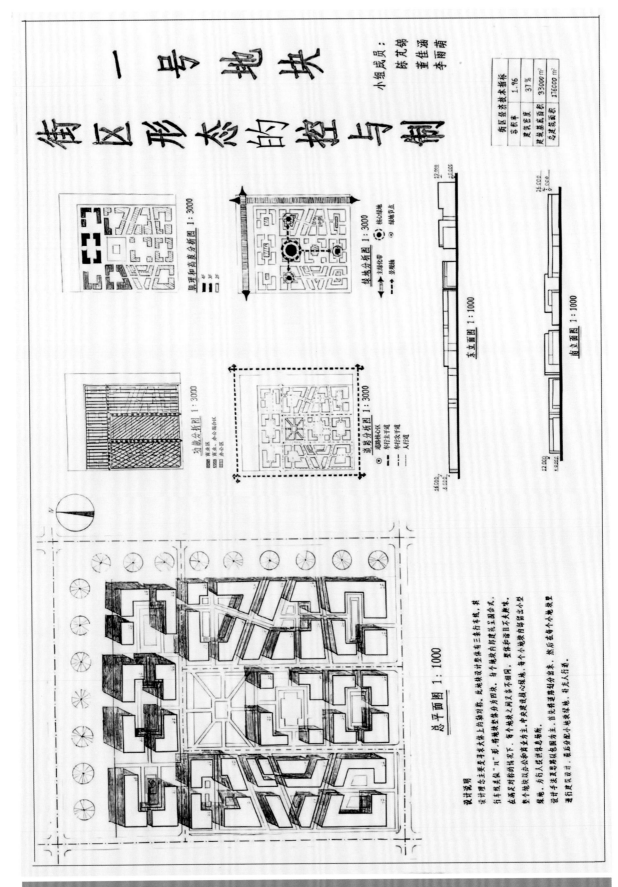

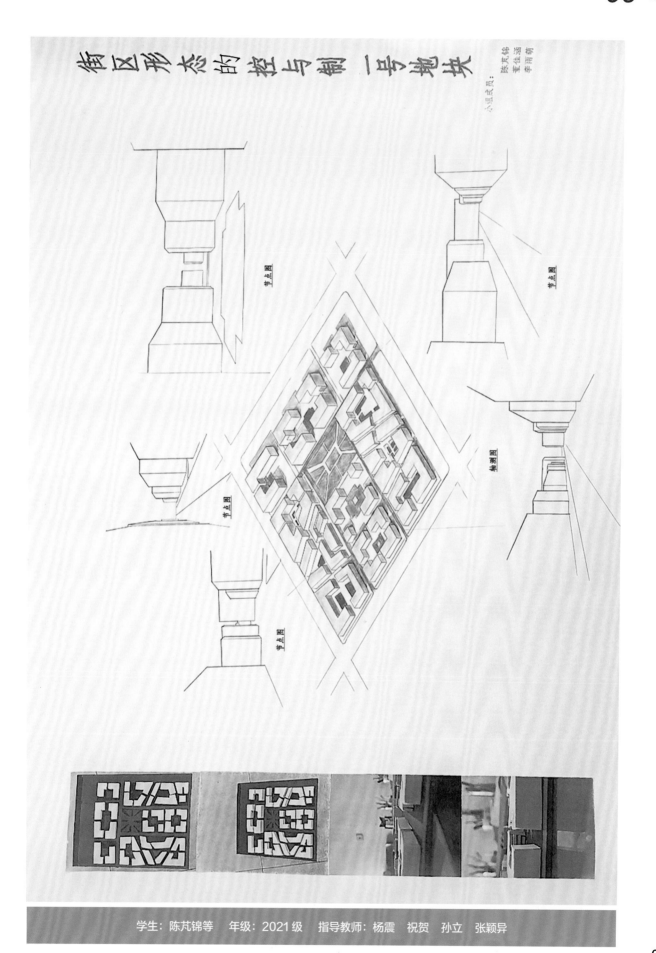

街区形态的控与制 1号地块

小组成员：陈芃锦 姜佳涵 李雨萌

节点图

节点图

节点图

节点图

轴测图

学生：陈芃锦等　年级：2021级　指导教师：杨震　祝贺　孙立　张颖异

下篇·二年级

和大部分的建筑类工科院校一样，北京建筑大学城乡规划专业的学生在二年级进入"建筑设计"课程的学习阶段。"建筑设计"系列课程同时也是学院建筑学、城乡规划和风景园林专业的基础课。在"宽口径、厚基础"的教学理念指引下，二年级的建筑设计教学是让学生从基础学习开始向专业学习转变，学生需要从只会抄绘、模仿和简单设计向考虑方方面面的综合建筑设计与城市规划设计转变。

本着循序渐进的原则，"建筑设计"课程主要通过 4 个规模从小到大、内容从简单到复杂、类型从单体到族群的设计题目（见右表），训练学生初步掌握建筑设计基本的平面布置、空间组织、构造设计、形体塑造等方法与概念构思途径；掌握建筑美学的基本原则和构图规则。不同的课题侧重于不同的训练目标，从建筑空间形体塑造到使用者行为对功能流线的影响，再到建筑与环境的一体化设计，最后到建筑复杂形体生产及其与城市空间的协调关系。学生经过一年的训练，基本能了解建筑与环境整体协调的设计原则；能对影响建筑方案的各种因素进行分析，对设计方案进行比较、调整和取舍。

年级	课程名称	教学时间	教学题目	学时	建筑面积 /m²	教学内容和目的
二年级	建筑设计（一）	第三学期	创客工坊	56+10	280	为创业青年群体（创客）设计一个集创业、办公、生活、社交于一体的空间聚合体。熟悉建筑设计的基本流程，掌握建筑功能布局、流线组织、小体量建筑空间及形体塑造的基本方法
			民宿、别墅	56+10	300 ~ 350	设计一个民宿或者别墅，了解小型居住建筑，了解使用者的心理特点、行为特点、生活规律等对建筑设计的影响
	建筑设计（二）	第四学期	古城补园	56+10	800	在北京旧城历史街区中的一块梯形空地中设计一个主题餐厅。学习城市设计尺度下的设计思考能力，掌握建筑与环境关系的概念和技能
			幼儿园设计	56+10	1500	设计一所六班幼儿园；掌握多个基本单元空间组合的设计方法；培养学生倾听使用者需求的能力，强化以人为本的建筑理念

　　城乡规划专业二年级"建筑设计"课程沿用了建筑学专业传统的小组教学模式。每个组一般 10 ~ 12 名学生，由一位教师负责指导。一个课题作业结束后，教师会进行轮换，以保证学生不同的课题由不同教师指导，这样能让他们接触多样化的思想。每个课题用时八周，其中前期分析加一草设计两周，二草两周半，正草一周半，正图和模型制作两周。课题中间二草结束时会有中期评图环节，课题结束时有正图展评环节，让学生能互相观摩学习。

　　北京建筑大学城乡规划专业的"建筑设计"系列课程在开始前会进行社会调查，以此作为设计决策和立意的支撑，并在过程中引导学生关注城市中的人和城市生活。此外，在教学中，相比视觉艺术层面的空间形体，教师在辅导和点评时会更强调设计过程中的理性分析和设计逻辑。

10

创客工坊

一、题目简介

创客（Maker）是把各种创意转化为现实的人。创客空间通过向创客提供开放的物理空间和工作设备，以及组织相关的聚会和工作坊，促进资源的分享、合作及创意的实现。本课程单元要求学生为创客设计一个集创业、办公、生活、社交于一体的空间聚合体与创业服务综合体。

二、教学目标

1. 熟悉建筑设计的基本环节与流程。

2. 掌握建筑功能布局、流线组织、景观设计等基本操作方法。

3. 掌握小体量建筑空间及形体塑造的基本方法。

三、设计内容和要求

1. 具体功能细化如下表所示，学生可自主选择建筑功能内容，总建筑面积约 280 m²，可上下浮动 5%。

类型	空间细化	备注	面积 /m²
社交型开放办公区	接待大厅	前台、接待休息室、衣帽间等	90
	咖啡吧台	饮品贩售	
	路演台	公共宣讲、公开课、创业沙龙	
	签到墙	招聘、签到、活动信息展示，可分为物理与电子两类	
	产品展示室	用于个人或企业产品展示	
	开放办公位	日常工作、洽谈、研讨等	
	图书阅览区	开放空间，与办公大厅相连	
	自由休息区	居家型可卧家具	
独立办公区	固定办公间	包括固定工位和私人办公室	60
	团队办公间	内部可包括独立的接待、办公、会议、产品展示等功能空间	
	其他工作间	创意工作坊、产品制作间等	
共享区	会议室	可分为大、小两种规格	60
	资料室	相关创客主体资料共享	
	图文打印室	打印、复印、扫描等日常服务	
	多功能室	培训、签约、新闻发布等	
	各类隐私空间	接打电话、呐喊、冥想等	
	……	……	
休闲区	公共活动厅	集中或灵活分散设置	40
	咖啡、餐饮、电玩等区域	分时段，以清吧为主要类型	
	公共活动健身区	健身、打台球等	

2. 设定服务人群，为其提供可识别的空间风格；满足创客多场合、高频次、精准化的社交需求。

3. 突出不同功能的空间聚合；满足功能性、流线合理性与空间丰富性的要求。

4. 考虑城市环境、场地现状、景观等因素。

5. 考虑建筑造型的丰富性与个性化。

6. 建筑高度不超过 9 m，层数不超过 2 层。

四、成果要求

A1 图幅，手绘，钢笔淡彩，具体要求如下。

1. 总平面图：比例 1 ∶ 300。表现建筑与环境关系，室外环境布置包括道路、景观等。

2. 平面图：比例 1 ∶ 100。首层平面图应表现局部室外环境，剖切标志不可少。

3. 立面图：比例 1 ∶ 100。数量 2 幅，分线型，有阴影，画配景。

4. 剖面图：比例 1 ∶ 100。数量 2 幅，人物和相应配景应表达设计的理念或特色。

5. 分析图：分解图，概念生成图，空间功能、流线、形体分析图等。

6. 表现图：大于 1/3 图幅，选择恰当的视角，要求能够表达设计特点和设计理念。

7. 设计说明：根据"创客工坊"课程单元设计要求，结合各自设计理念拟定主题，说明核心设计理念。

8. 技术经济指标：用地面积、总建筑面积、建筑密度、建筑容积率、绿地率等。

9. 模型：比例 1 ∶ 100，正图上贴模型照片 3 张或 4 张。

五、学生作业

学生作业见后页图。

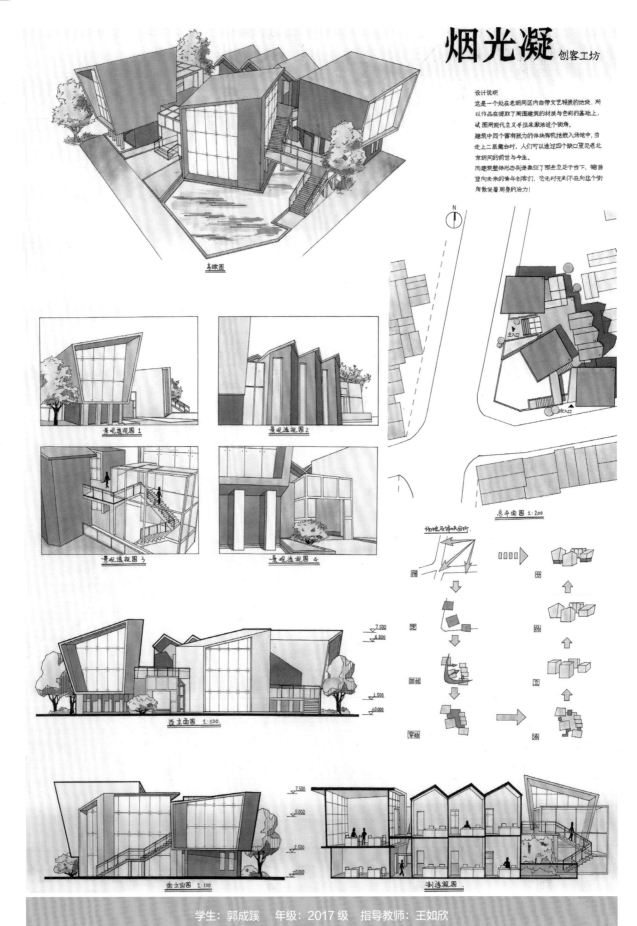

烟光凝 创客工坊

设计说明

这是一个处在老胡同区内自带文艺特质的地块，所以作品在提取了周围建筑的材质与色彩的基础上，试图用现代主义手法来激活这个街角。

建筑中四个富有张力的体块有机地嵌入场地中，当走上二层露台时，人们可以通过四个缺口里望见老北京胡同的前世与今生。

而建筑整体形态则是象征了那些立足于当下，将蓄势向未来的青年创客们，它无时无刻不在向这个街角散发着周身的活力！

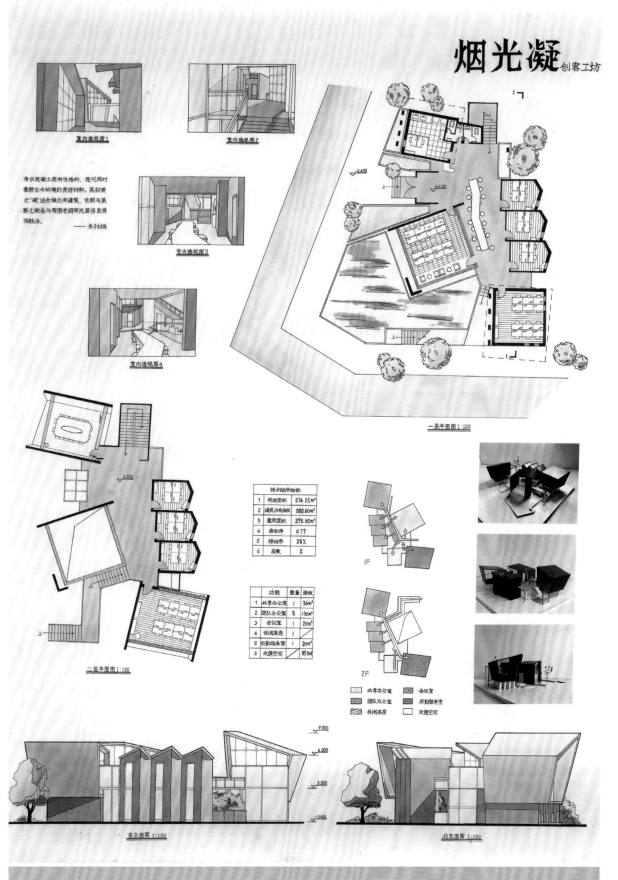

烟光凝 创客工坊

清水混凝土是有性格的，是可以同时兼顾古今环境的良好材料，其材质之"凝"适合做公共建筑，色彩与质感之较会与周围老胡同民居搭配得很融洽。
——关于材质

室内透视图1

室内透视图2

室内透视图3

室内透视图4

一层平面图1:100

二层平面图1:100

	技术经济指标	
1	用地面积	374.25m²
2	建筑占地面积	280.00m²
3	建筑面积	295.50m²
4	容积率	0.79
5	绿地率	28%
6	层数	2

	功能	数量	面积
1	共享办公室	1	36m²
2	团队办公室	8	130m²
3	会议室	1	20m²
4	休闲茶座	1	
5	后勤服务室	1	20m²
6	交通空间		89.5m²

1F

2F

□ 共享办公室　▨ 会议室
▨ 团队办公室　▨ 后勤服务室
▨ 休闲茶座　□ 交通空间

东立面图1:100

北立面图1:100

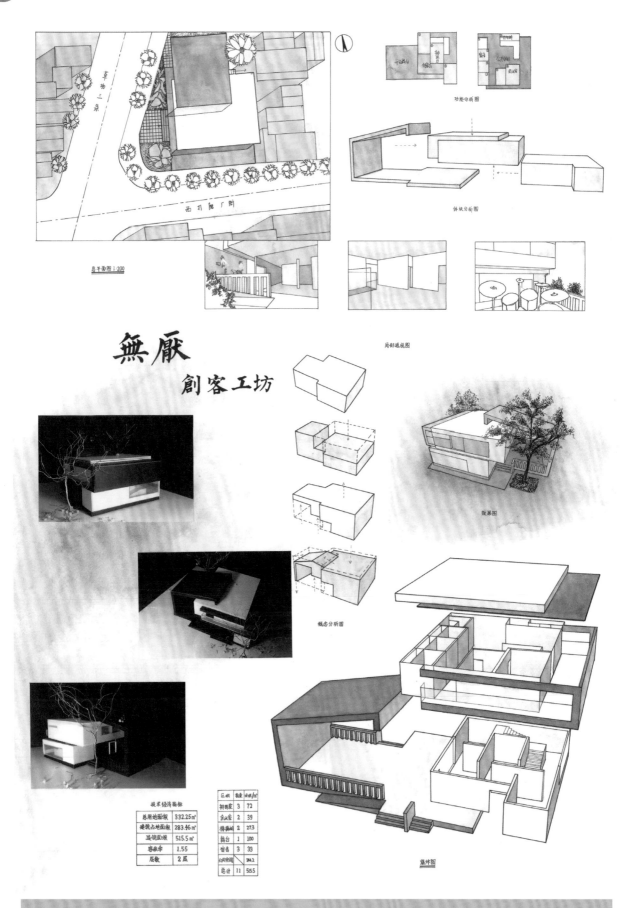

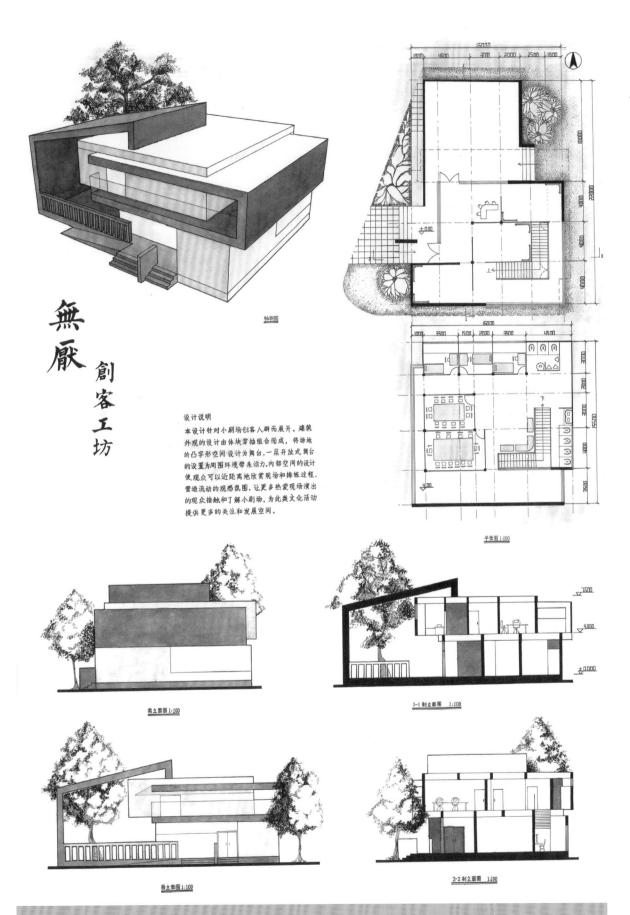

轴测图

無厭

創客工坊

设计说明

本设计针对小剧场创客人群而展开。建筑外观的设计由体块穿插组合而成，将场地的凸字形空间设计为舞台，一层开放式舞台的设置为周围环境带来活力。内部空间的设计使观众可以近距离地欣赏现场和排练过程，营造流动的观感氛围，让更多热爱现场演出的观众接触和了解小剧场，为此类文化活动提供更多的关注和发展空间。

平面图 1:100

南立面图 1:100

1-1 剖立面图 1:100

西立面图 1:100

2-2 剖立面图 1:100

学生：康南　年级：2017 级　指导教师：张曼

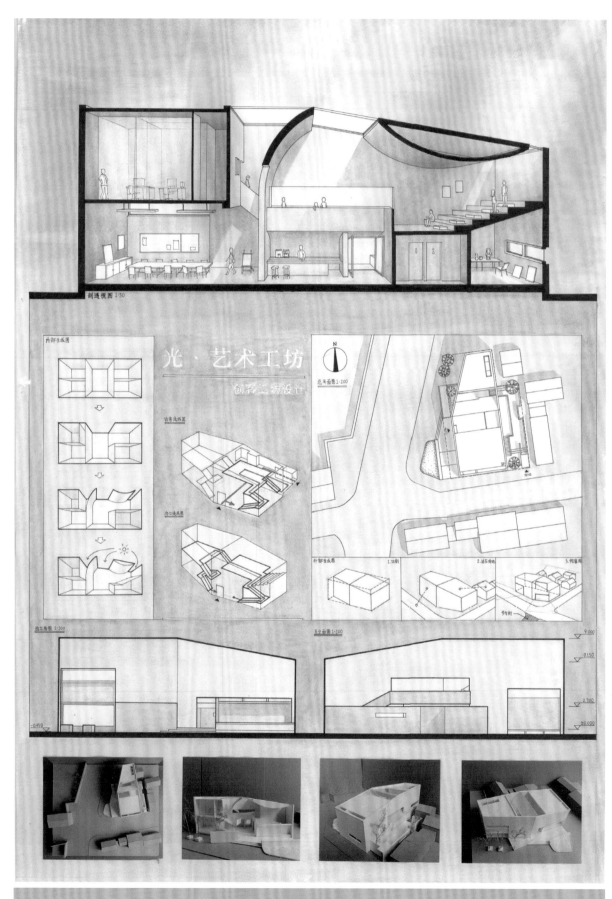

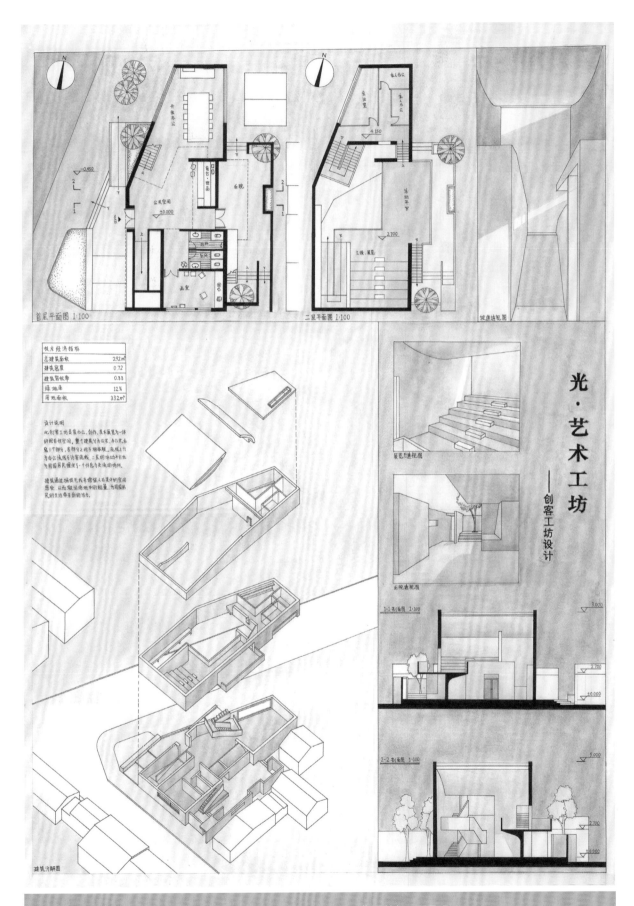

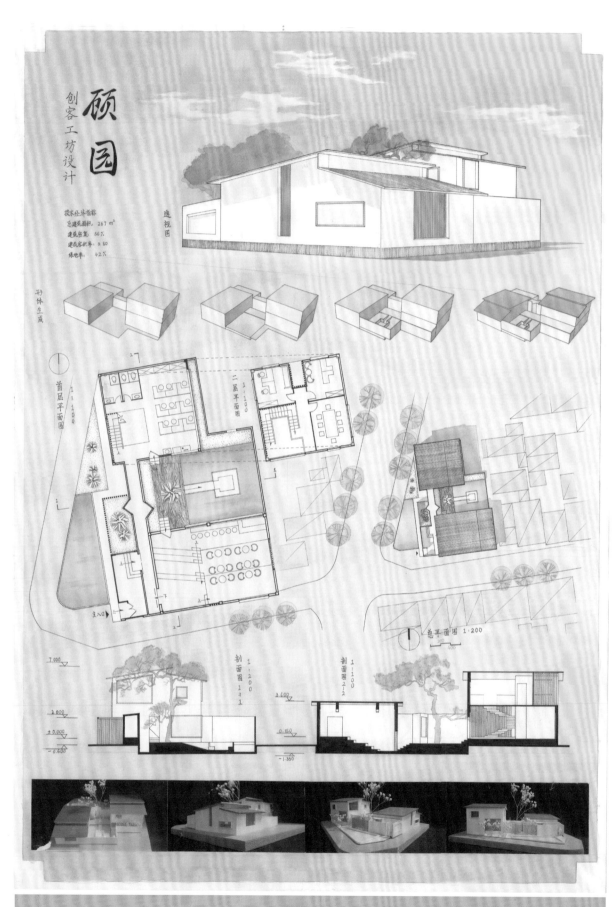

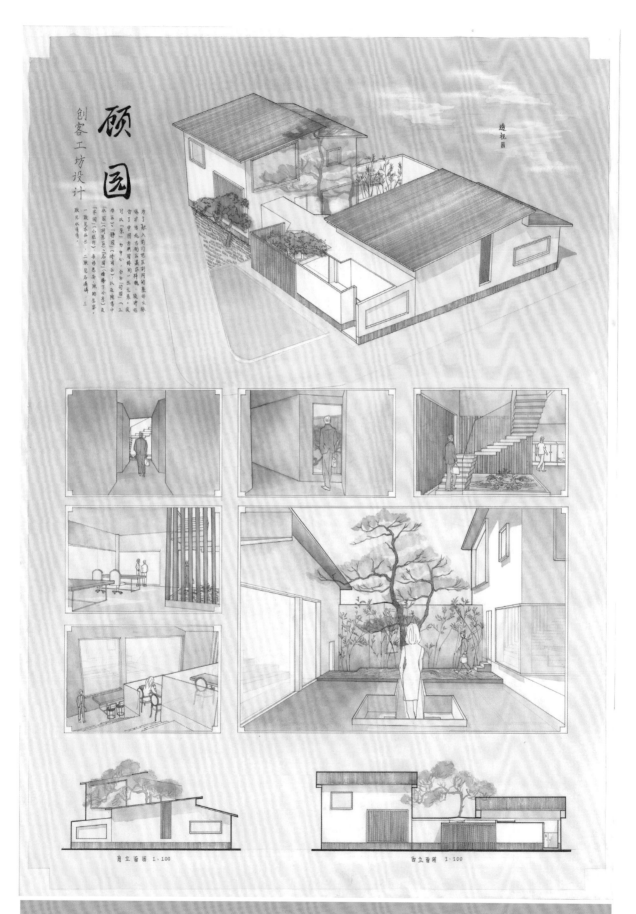

顾 园

创客工坊设计

透视图

剪立面图 1:100

街立面图 1:100

学生：和沛怡　年级：2018 级　指导教师：蔡超

创客工坊 creator space

学生：康牧铧　年级：2019级　指导教师：王如欣

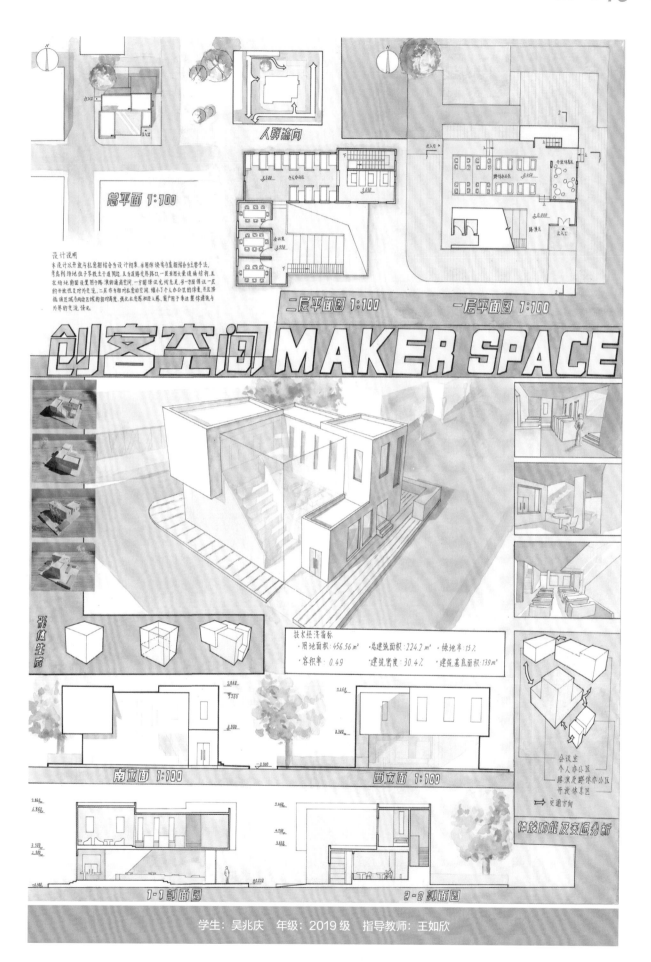

总平面 1:700

人群流向

二层平面图 1:100

一层平面图 1:100

设计说明

创客空间 MAKER SPACE

形体生成

技术经济指标
· 用地面积：456.56 m²
· 容积率：0.49
· 总建筑面积：224.2 m²
· 建筑密度：30.4%
· 绿地率：15%
· 建筑基底面积：139 m²

南立面 1:100

西立面 1:100

1-1剖面图

2-2剖面图

会议室
个人办公区
路演及群体办公区
开放休息区
→ 交通方向

体块功能及交通分析

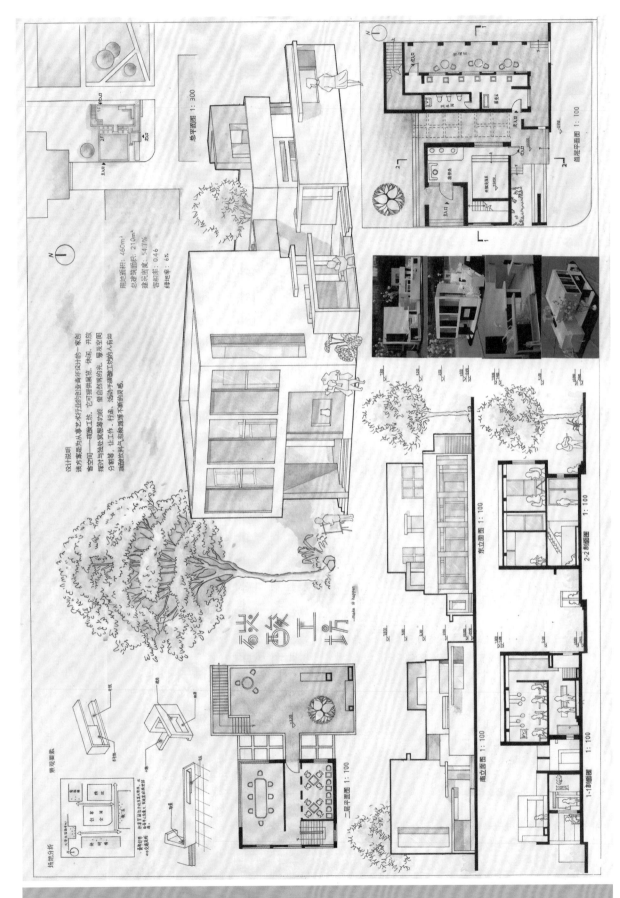

学生：李一凡　　年级：2019 级　　指导教师：顾月明

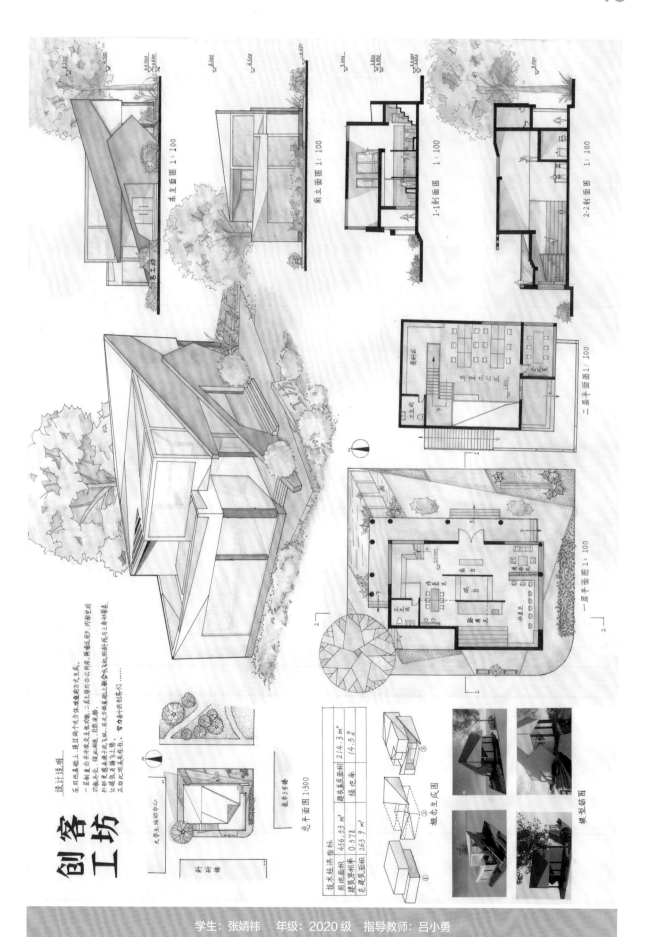

创客工坊

设计说明

在用地基础上，通过两个大力杯被叠加方式生成。一层创复合开放又生效地，二层主要为办公所用，两者在即内部中间功能大全，涉求相连，趣味浓趣。外部灵感源于飞机，正东方将主题上聚合气氛流用的研究与三角等单，让建筑有喻引之势。努力营小历史创客们……

技术经济指标

用地面积	456.53 m²
建筑密度	0.578
总建筑面积	263.9 m³
建筑基底面积	214.3 m²
绿地率	14.5%

东立面图 1:100

南立面图 1:100

1-1剖面图 1:100

2-2剖面图 1:100

二层平面图 1:100

一层平面图 1:100

总平面图 1:300

教学5号楼

大学生活动中心

科研楼

概念生成图

模型照片

学生：张婧祎　年级：2020 级　指导教师：吕小勇

11

民宿、別墅

一、题目简介

民宿、别墅是一种对居住质量和环境有较高要求的特殊建筑，主要由起居室、客厅、餐厅、厨房、卧室、卫生间、车库、庭院等空间组成。本课程单元通过让学生在给定的地块设计一个民宿或者别墅，使学生了解小型居住建筑。

二、教学目标

1. 解决功能关系。通过对建筑功能的解读，了解和体会建筑功能对形式的影响。同时，学生应了解使用者的心理特点、行为特点、生活规律等，挖掘和把握由特殊需求引发的建筑特点。

2. 满足必要的空间要求，考虑室内外空间关系与建筑造型。

3. 通过设计过程，感受、分析和思考周边环境与建筑对设计的影响。设计中，应充分考虑场地区位、道路和周边现有建筑等因素。通过适当分析，完成建筑的总体布局、流线设计、建筑造型和室外空间设计。

4. 培养专业素养，通过设计了解建筑规范和技术、材料、结构形式与建筑设计的关系。

三、设计内容和要求

1. 项目用地紧邻北京西城丰盛胡同及大院胡同，地形详见下图。以班级为单位，每位同学随机抽取其中一个地块进行设计，剩余地块作为公共绿地。

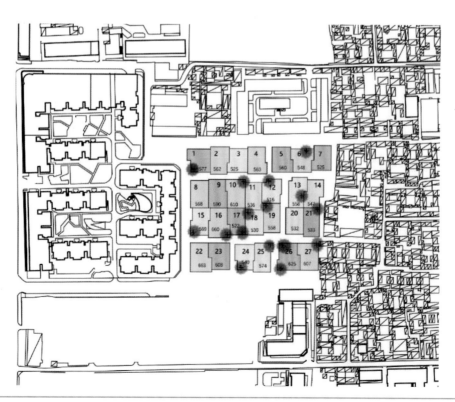

2. 总面积 300 ~ 350 m², 应具备以下功能空间, 具体的房间数量和面积由设计者分析研究后自行选择, 应充分考虑使用者的环境体验、生活习惯、个性需求等。

①门厅: 与起居室、车库等连通。

②起居室 (客厅): 至少 25 m², 可设计共享空间。

③餐厅: 家具陈设布置, 可设独立餐室或开放餐室。

④厨房: 可采用封闭式或开放式。

⑤卧室: 主卧室有独立卫生间, 次卧室 2 个或 3 个。

⑥卫生间: 数量自定, 保证通风采光, 注意上下对应。

⑦车库: 1 个车位, 有通往室内的门。

⑧楼梯: 布局合理, 节约面积, 造型优美。

⑨工作室、书房、健身区等体现个性需求的特殊功能空间自行安排。

3. 建筑高度不超过 9 m (2 层), 容积率控制在 0.6 左右, 建筑密度 40% 左右。

4. 功能组织合理, 布局灵活自由, 空间层次丰富, 造型优美, 尺度亲切, 具有良好的室内外空间环境关系。

5. 设计时, 结合公共绿地空间, 注重周边胡同尺度, 注重与周围环境协调。

四、成果要求

1. 成果模型, 比例为 1 : 200, 底板尺寸全班统一, 模型注意颜色的统一与变化。

2. 正式图纸, 2 幅 A1 手绘图纸, 表现形式以钢笔淡彩为主, 具体内容如下:

①总平面图, 比例 1 : 300 (或 1 : 200), 包括道路、建筑、阴影、绿化、庭院等;

②平面图, 比例 1 : 100, 包括家具布置、周边环境等;

③立面图, 不少于 2 幅, 比例 1 : 100, 分线型, 有阴影, 画配景;

④剖面图, 不少于 2 幅, 比例 1 : 100, 表现结构、空间、人的行为;

⑤分析图若干, 粘贴模型照片 3 张或 4 张;

⑥主透视图或大轴测图 1 幅, 选择恰当的视角, 要求能够表达设计特点和设计理念;

⑦小透视图、小剖透视图或小轴测图 3 幅以上;

⑧设计说明, 技术经济指标。

五、学生作业

学生作业见后页图。

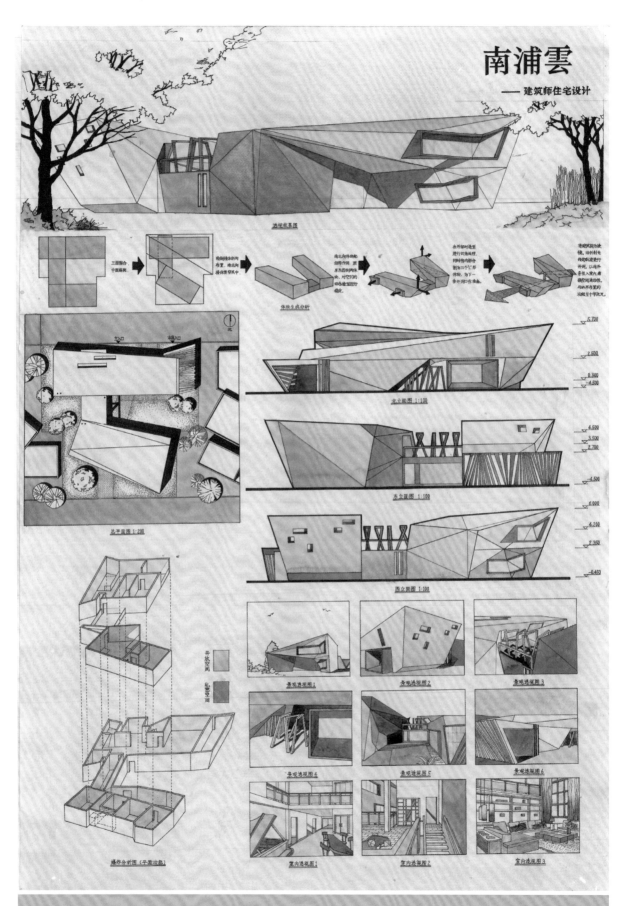

南浦雲
——建筑师住宅设计

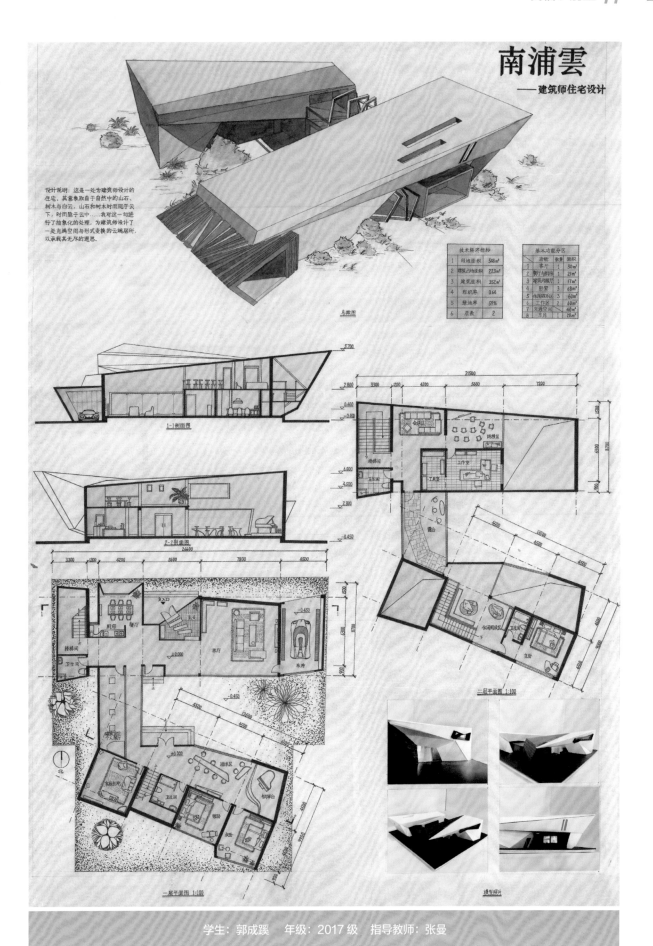

南浦雲

——建筑师住宅设计

设计说明：这是一处为建筑师设计的住宅，其意象取自自然中的山石、树木与白云，山石和树木时而隐现于云下，时而隐于云中……我对这一切进行了抽象化的处理，为建筑师设计了一处充满空间与形式变换的云端居所，以承载其无尽的遐思。

技术经济指标		
1	用地面积	548㎡
2	建筑占地面积	223㎡
3	建筑面积	352㎡
4	容积率	0.64
5	绿地率	59%
6	层数	2

基本功能分区		
功能	数量	面积
1 客厅	1	50㎡
2 厨房与餐厅	1	23㎡
3 建筑师画厅	1	17㎡
4 卧室	3	68㎡
5 休闲娱乐区	3	60㎡
6 工作区	1	60㎡
7 交通空间	1	40㎡
8 车库	1	28㎡

鸟瞰图

1-1剖面图

2-2剖面图

一层平面图 1:100

二层平面图 1:100

模型照片

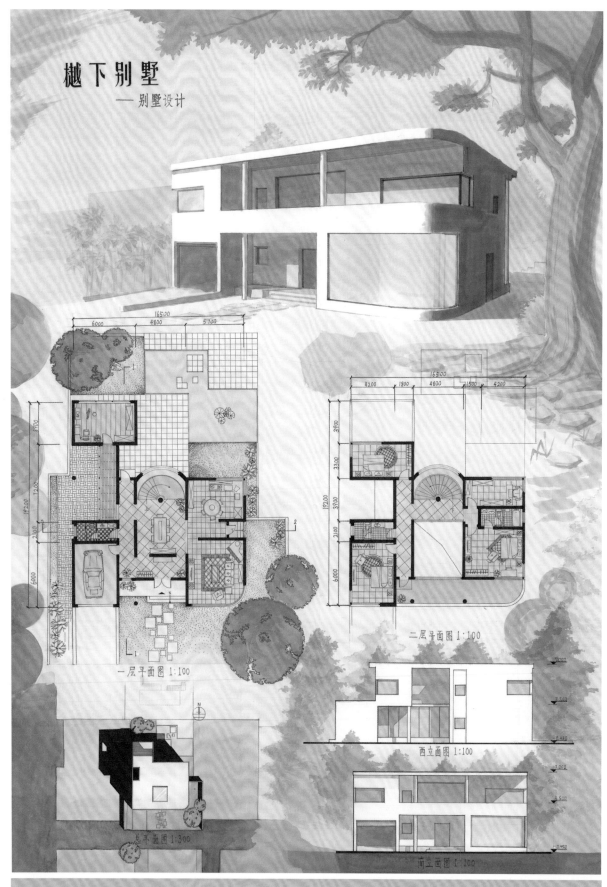

樾下别墅
——别墅设计

一层平面图 1:100

二层平面图 1:100

总平面图 1:300

西立面图 1:100

南立面图 1:100

樾下别墅
——别墅设计

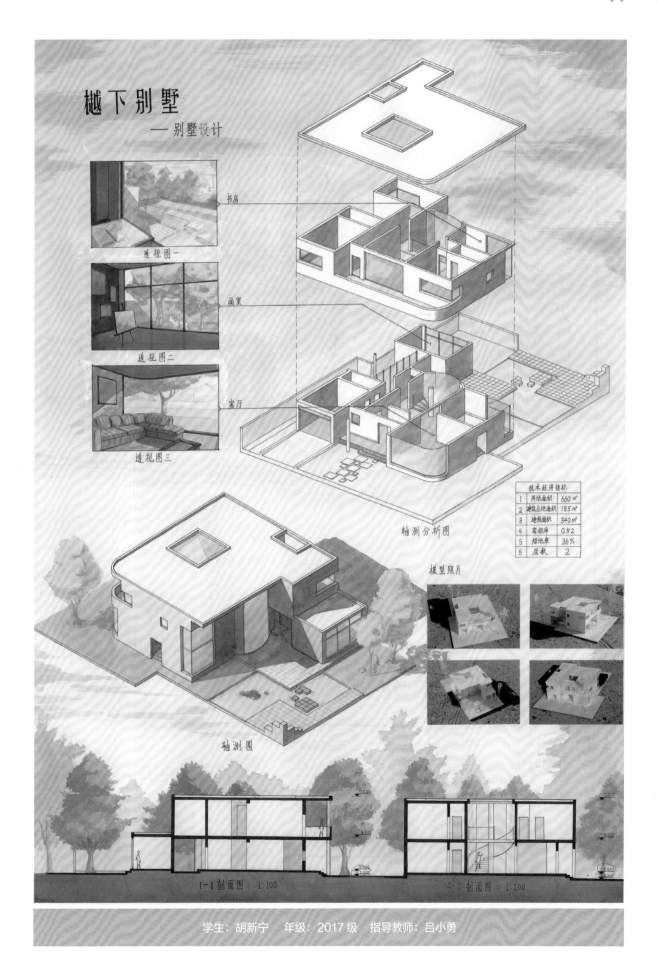

透视图一

透视图二

透视图三

书房

画室

客厅

轴测分析图

	技术经济指标	
1	用地面积	660 m²
2	建筑占地面积	185 m²
3	建筑面积	340 m²
4	容积率	0.52
5	绿地率	36%
6	层数	2

模型照片

轴测图

1-1 剖面图 1:100

2-2 剖面图 1:100

学生：胡新宁　年级：2017 级　指导教师：吕小勇

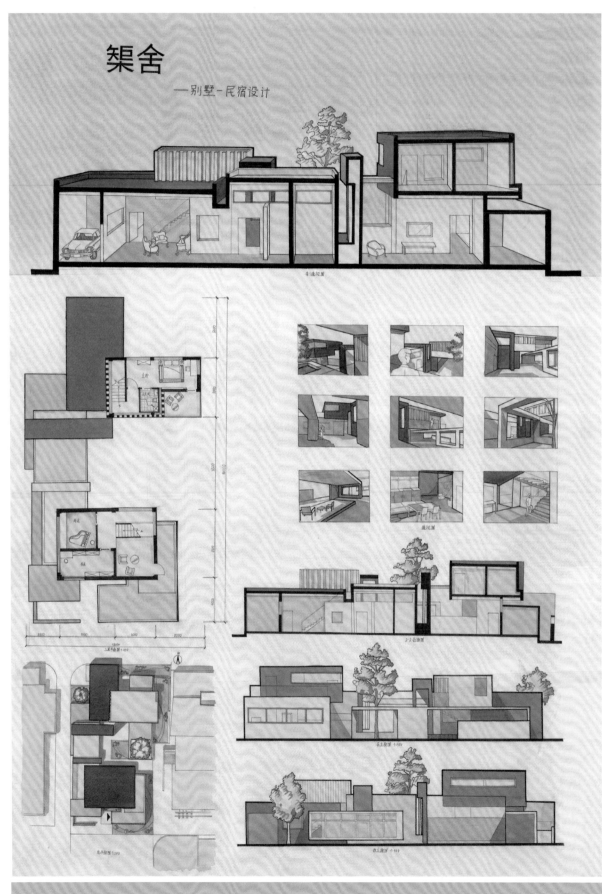

榘舍

—别墅-民宿设计

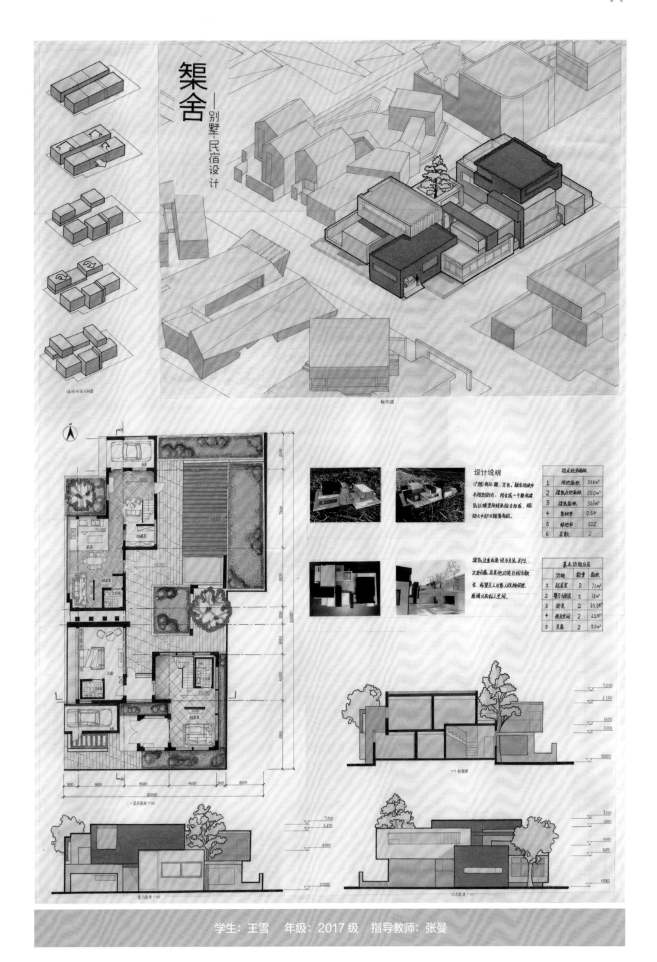

架舍
——别墅·民宿设计

设计说明

学生：王雪　　年级：2017 级　　指导教师：张曼

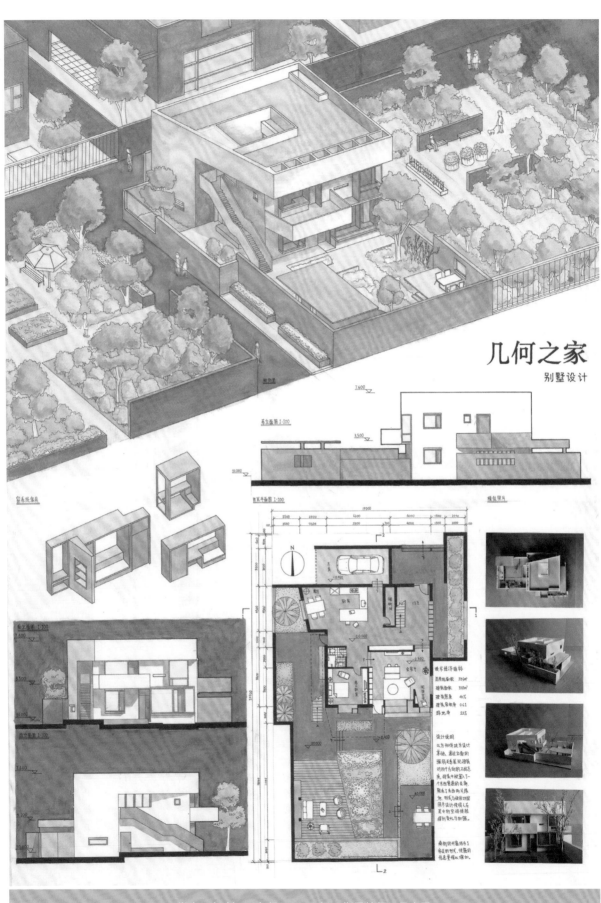

几何之家

别墅设计

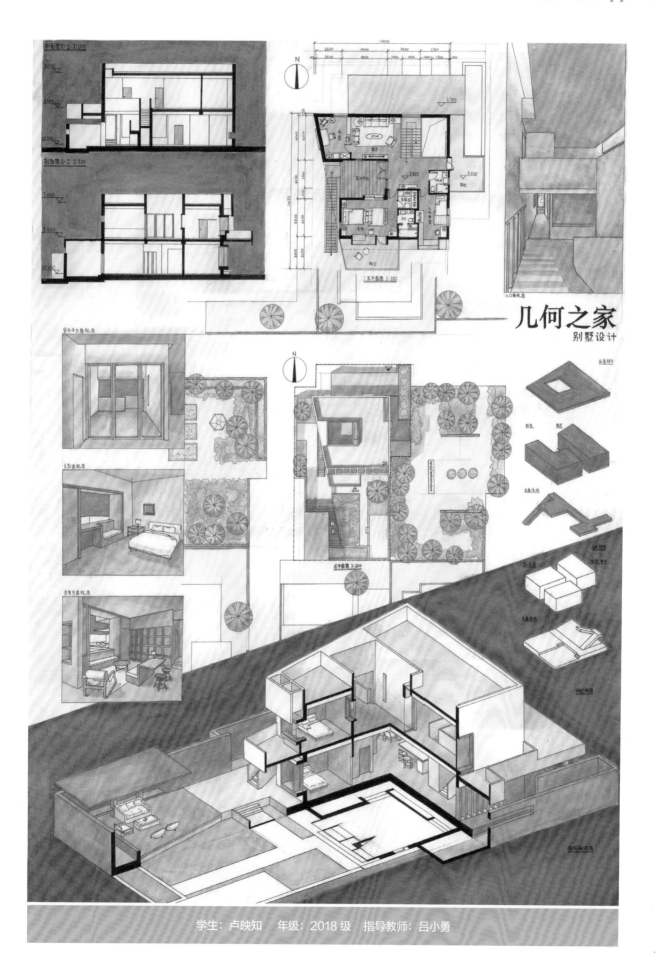

几何之家
别墅设计

学生：卢映知　　年级：2018 级　　指导教师：吕小勇

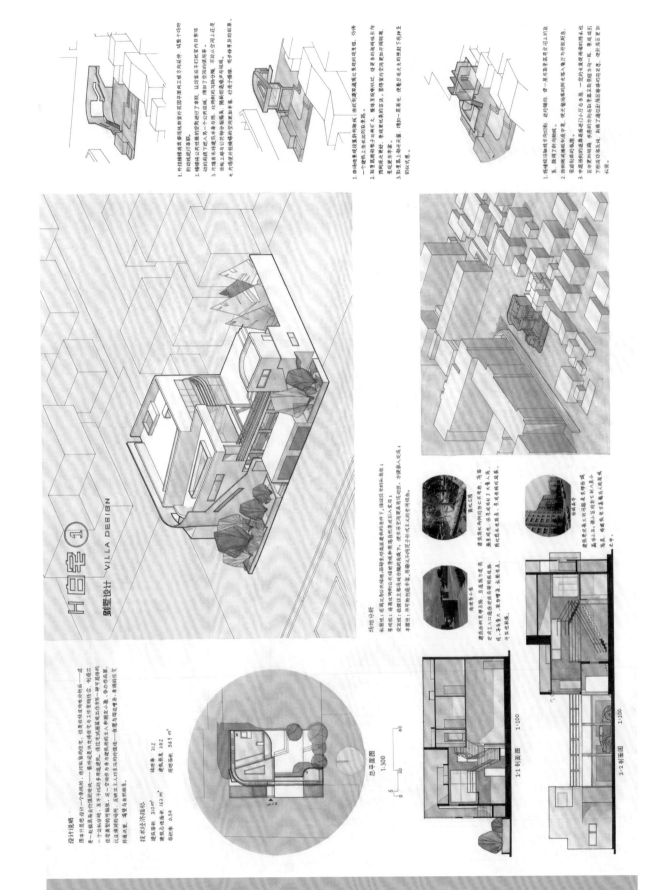

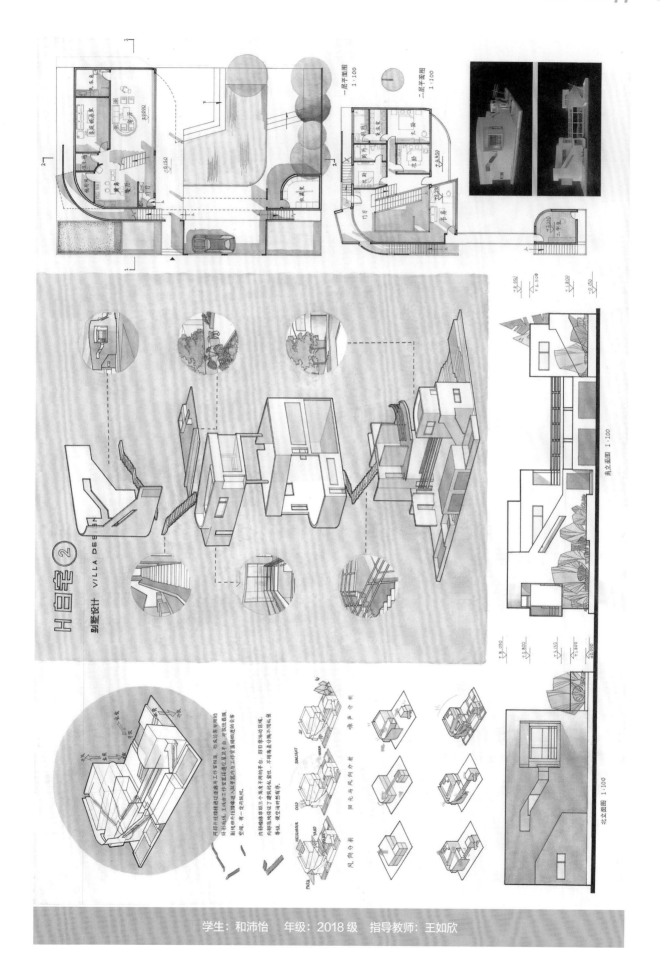

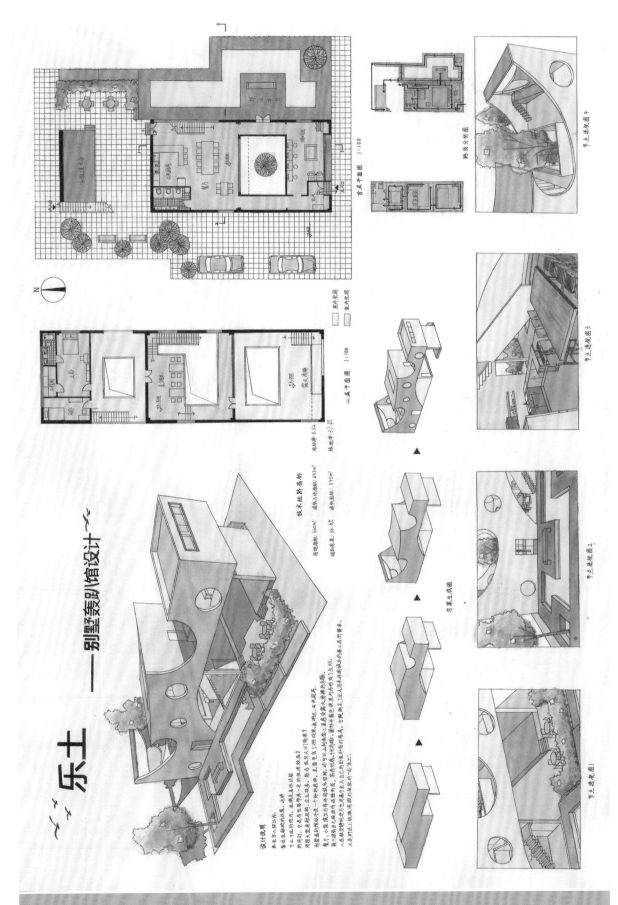

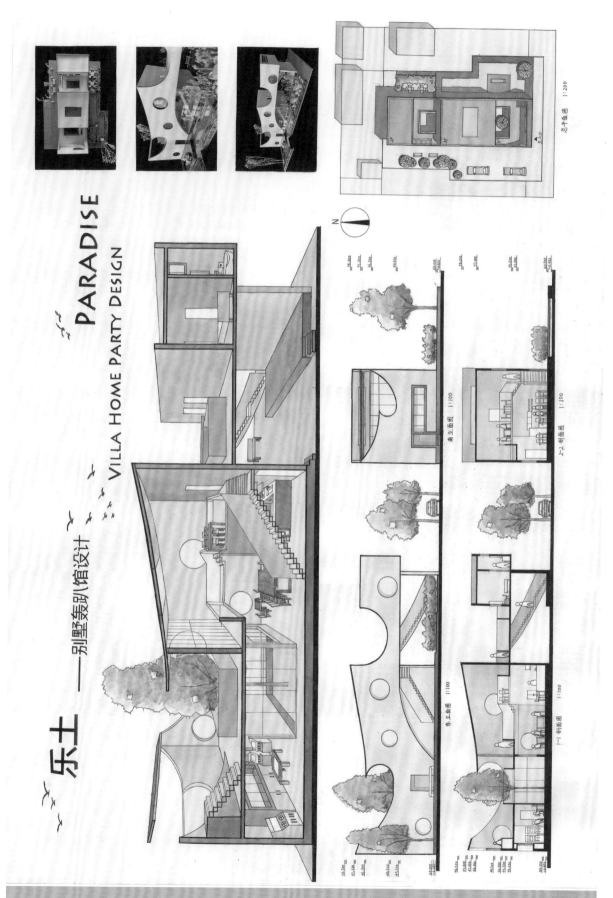

总平面图 1:200

南立面图 1:100

2-2 剖面图 1:100

东立面图 1:100

1-1 剖面图 1:100

乐土 ——别墅聚会馆设计

PARADISE

VILLA HOME PARTY DESIGN

学生：吴梦迪　年级：2018 级　指导教师：蔡超

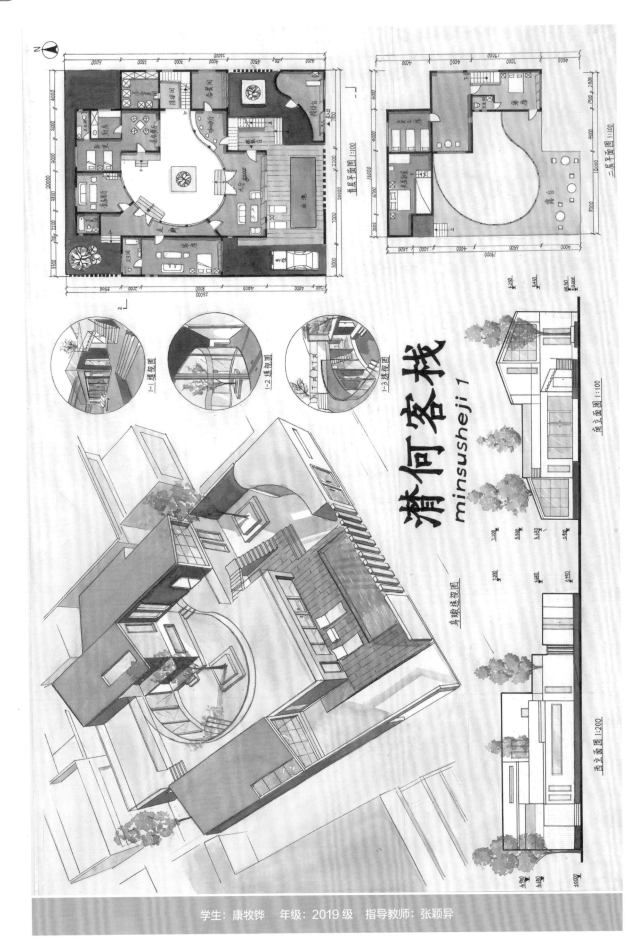

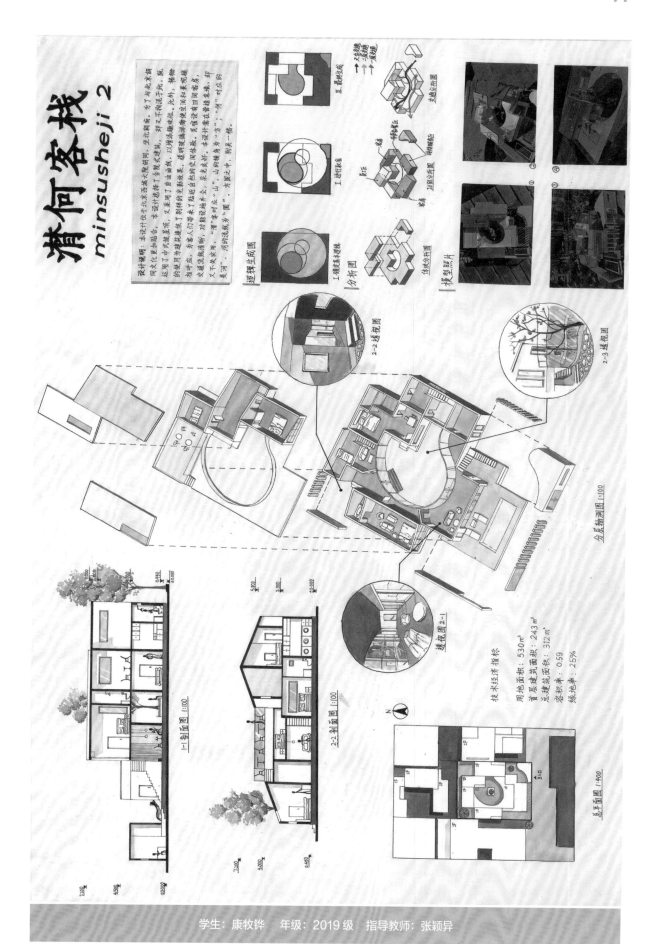

潜何客栈
minsheji 2

技术经济指标
用地面积：530㎡
誉发建筑面积：243㎡
总建筑面积：312㎥
容积率：0.59
绿地率：25%

学生：康牧铧　年级：2019级　指导教师：张颖异

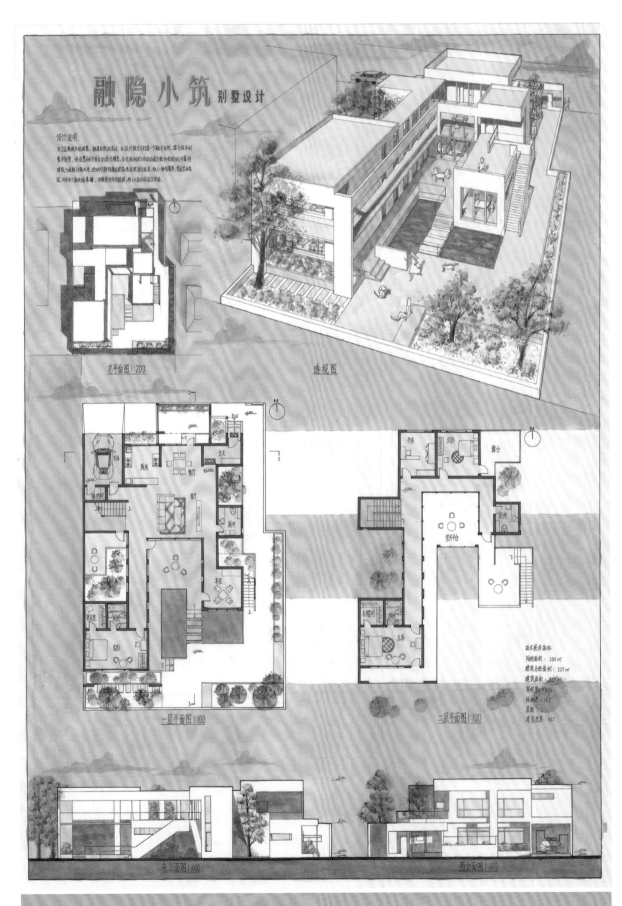

融隐小筑 别墅设计

设计说明

总平面图1:200

透视图

一层平面图1:100

二层平面图1:100

东立面图1:100

西立面图1:100

学生：慕希雅　　年级：2019 级　　指导教师：吕小勇

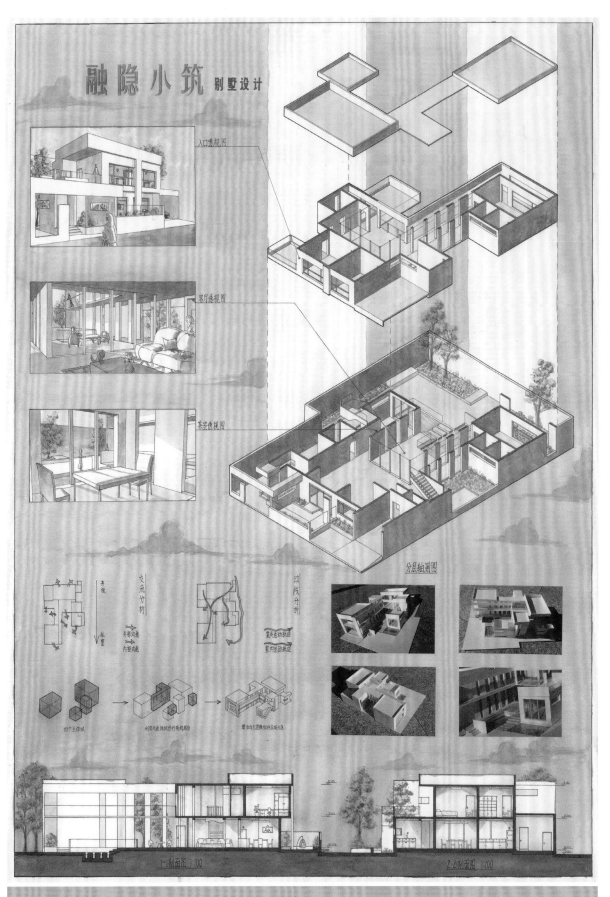

融隐小筑 别墅设计

入口透视图

客厅透视图

茶室透视图

分层轴测图

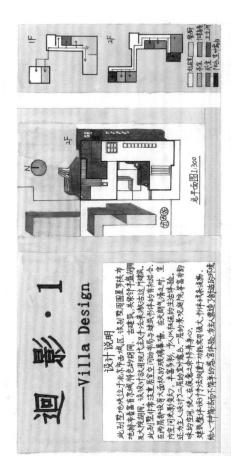

迴 影·1
——Villa Design

设计说明

此别墅基地大位于北方市舍城区,该别墅用围�写林市地排有着富有减而特色的时间。古建筑,未来与丰盈调
此别墅非常注重居宅空间的书与建筑形体的结合。空在两层系新一设有大面状的减减幕墙。在这阴接了清之时,室内空间的影要多彩,予以风趣的生活体验。一层的多功能室较大,树林装水氢有着还为主,迷对下二层的空间,一层的室可第,在这又了举体件素调啡味的室间,快,在减是之杂作丰素,建筑整体设计作为好的特色和建了功能实用墙大,为主宫传了美活的的好活怡,一种偷古而不简单的风手的好基本形态,

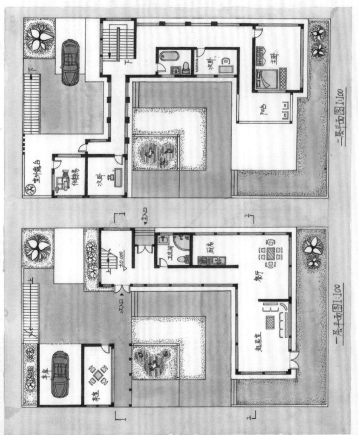

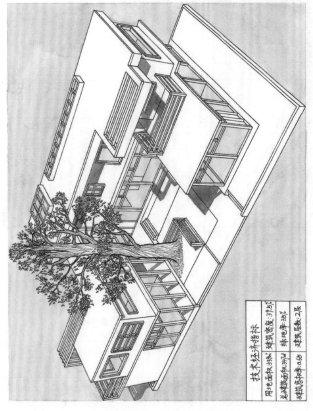

技术经济指标	
用地面积	399㎡
建筑密度	37.5%
总建筑面积	377㎡
绿地率	30%
容积率	0.65
建筑名率	2层

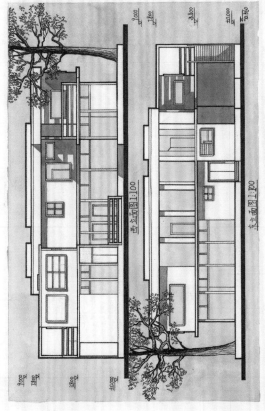

学生:杨雪燕   年级:2019级   指导教师:顾月明

迴影 · 2
——Villa Design

剖透视图

爆炸图

由日照ㄧ推道群体

确立ㄧ推导群体

建筑主空间构化

确立ㄧ功能起位

建筑开窗设计

设计开口、色色空间

建筑形体生成图

遮阳分析图

2-2剖面图1:100

1-1剖面图1:100

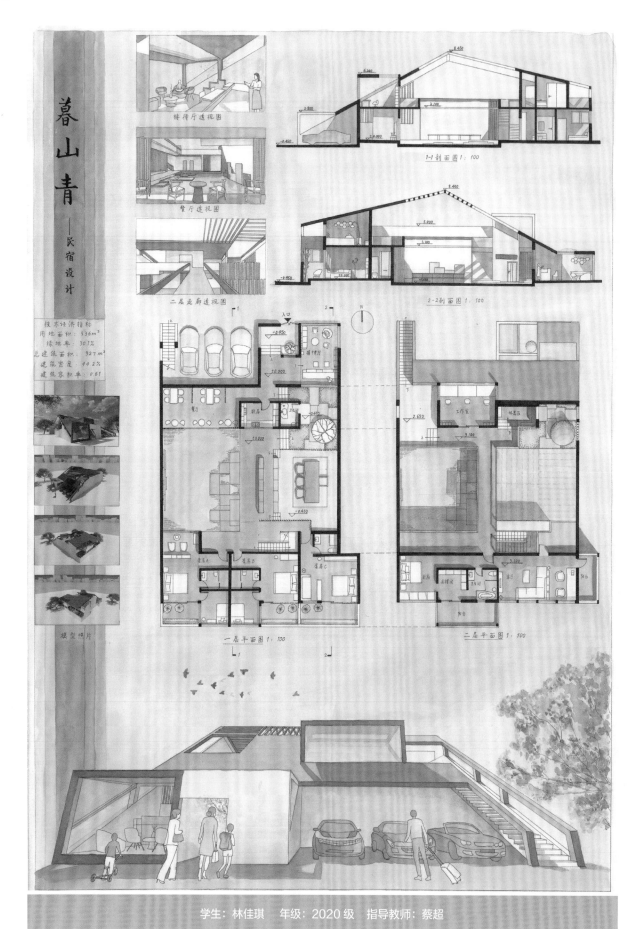

暮山青
——民宿设计

技术经济指标
用地面积：536m²
绿地率：30.1%
总建筑面积：327m²
建筑密度：44.2%
建筑容积率：0.61

接待厅透视图

餐厅透视图

二层走廊透视图

模型照片

1-1剖面图1：100

2-2剖面图1：100

一层平面图1：100

二层平面图1：100

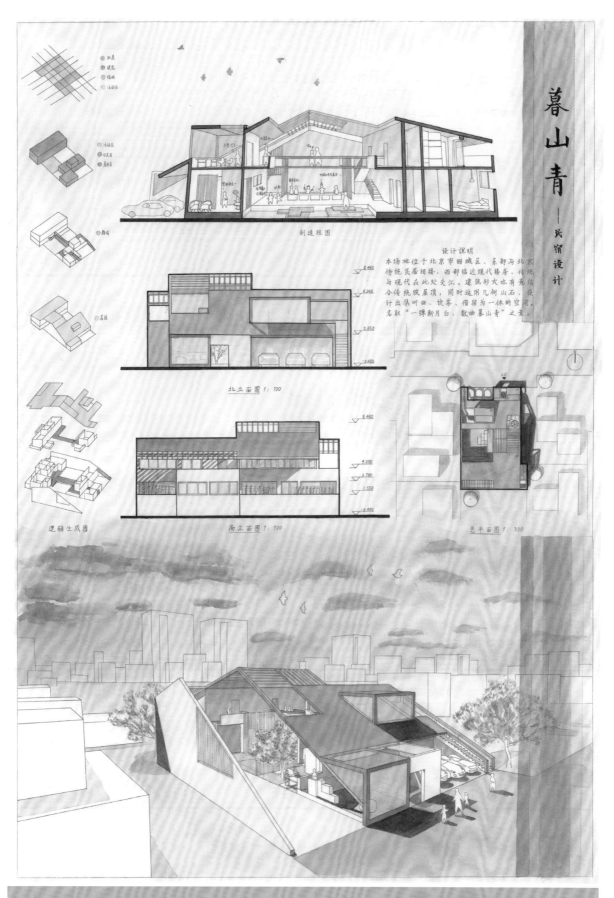

暮山青
——民宿设计

设计说明

本场地位于北京市西城区，菜郡与北京传统民居相接，西部临近现代番居，传统与现代在此处交汇。建筑形式也有意结合传统硬屋顶，同时运用几何山石，设计出集听曲、饮茶、借景为一体的空间，名取"一弹新月台，歌曲暮山青"之景。

剖透视图

北立面图 1：100

南立面图 1：100

总平面图 1：300

逻辑生成图

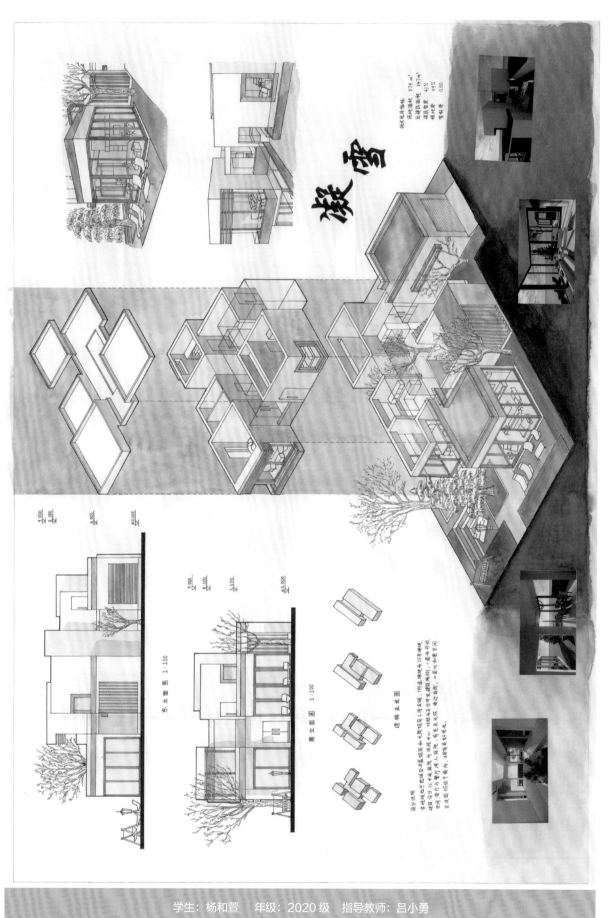

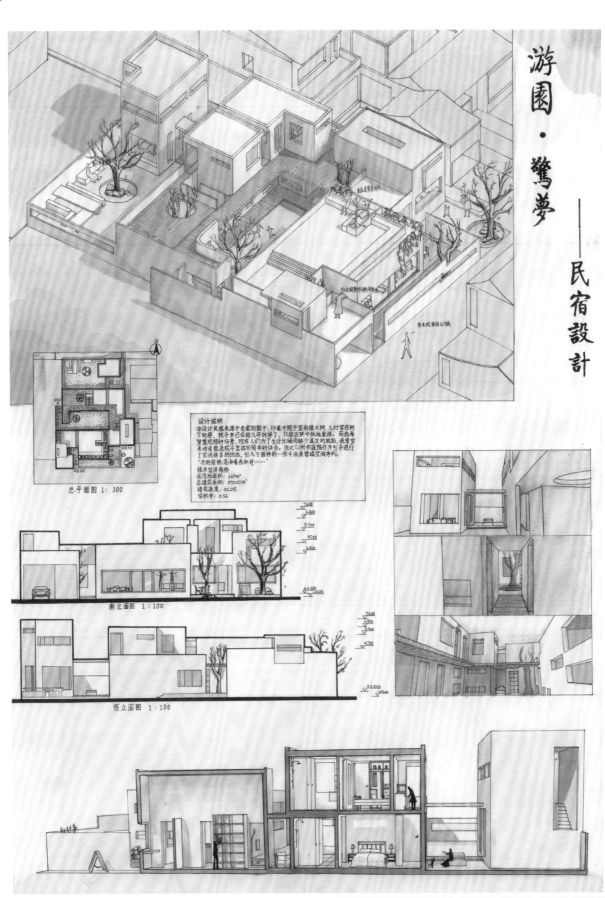

游園·驚夢 ——民宿設計

设计说明

总平面图 1:300

南立面图 1:100

西立面图 1:100

游园·驚夢——民宿設計

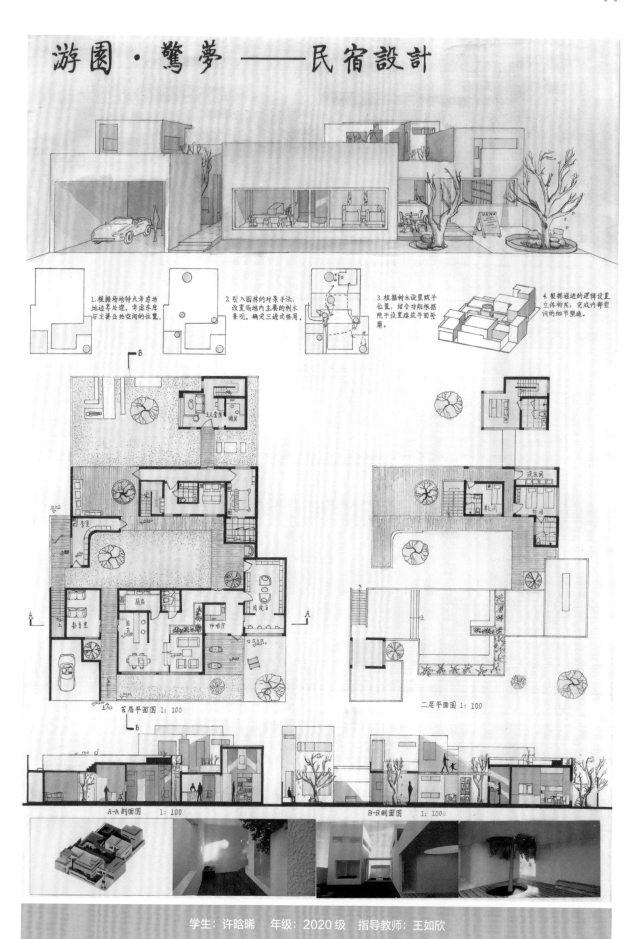

1.根据场地特点考虑场地边界处理,考虑车库与主要公共空间的位置。

2.引入园林的对景手法,设置场地内主要的树木景观,确定三进或格局。

3.根据树木设置院子位置,结合功能根据院子设置路径及平面轮廓。

4.根据递进的逻辑设置立体树院,完成内部空间的细节塑造。

首层平面图 1:100

二层平面图 1:100

A-A剖面图 1:100

B-B剖面图 1:100

学生:许晗晞　年级:2020级　指导教师:王如欣

12

古城补园

一、题目简介

本课题选址北京旧城历史街区中的一块梯形空地，要求学生设计一个主题餐厅，同时这个餐厅兼具城市公园功能，使其能够成为周边居民和外来旅游者观景、休憩、交流的场所。课题关注旧城更新，要求学生关注场地及其周围环境，关注北京旧城历史和文化。

二、教学目标

1. 运用场地分析设计、功能与行为、形式生成逻辑，掌握建筑设计的方法。

2. 学习并掌握建筑形式的生成，正确认识形式与功能的关系。

3. 学习在城市设计尺度下提升设计思考能力。

4. 掌握建筑与环境关系的概念和技能。

5. 学习斜线地块空间的造型手法。

三、设计内容和要求

1. 用地地块位于什刹海地区西南侧，南临平安大街，北面为龙头井胡同，东侧为三座桥胡同，内有地铁 6 号线北海北站出站口，见下图。

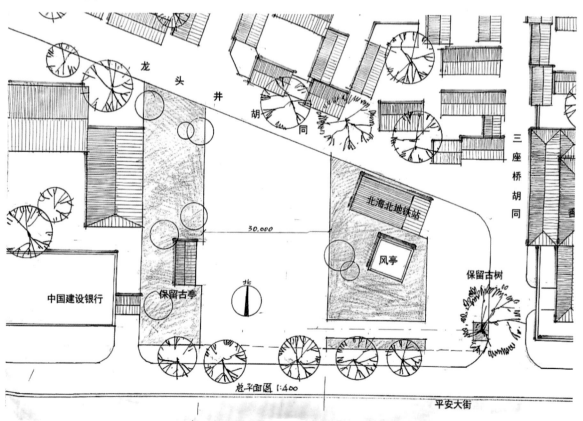

2.设计一个建筑面积约 800 m² 的主题餐厅和庭园环境（结合地铁口）。具体功能细化如下：

①用餐空间＋公共区域（面积约 420 m²＋100 m²），包括桌席区、包间区、门厅、产品展示区、服务台、舞台、楼梯、卫生间；

②厨房区域（面积约 190 m²），包括副食加工区、主食加工区、冷荤加工区、备餐间、洗碗间、库房；

③辅助部分（面积约 90 m²），包括卫生间、更衣间、办公室、休息间、财务室。

3.建筑可集中或分散布置，根据周边环境，设计若干休憩、观景、互动等多元功能性小品。

4.建筑限高（两层）不超过 8 m。出入口根据实际情况确定，车辆不进入地块内部，不做地下室。

5.注重与古城北京的文化内涵相呼应，契合"古城补园"的题目要求。

四、成果要求

1.成果模型，比例为 1∶200，底板尺寸全班统一，模型注意颜色的统一与变化。

2.正式图纸，至少 2 幅 A1 手绘图纸，表现形式以钢笔淡彩为主，具体内容如下：

①设计说明、构思过程分析图、技术经济指标；

②总平面图，比例 1∶500；

③平面图，比例 1∶200 或 1∶100；

④立面图，不少于 2 幅，比例 1∶200 或 1∶100；

⑤剖面图，不少于 2 幅，比例 1∶200 或 1∶100；

⑥轴测图或主透视图；

⑦模型照片 4 张＋小透视图 3 张。

五、学生作业

学生作业见后页图。

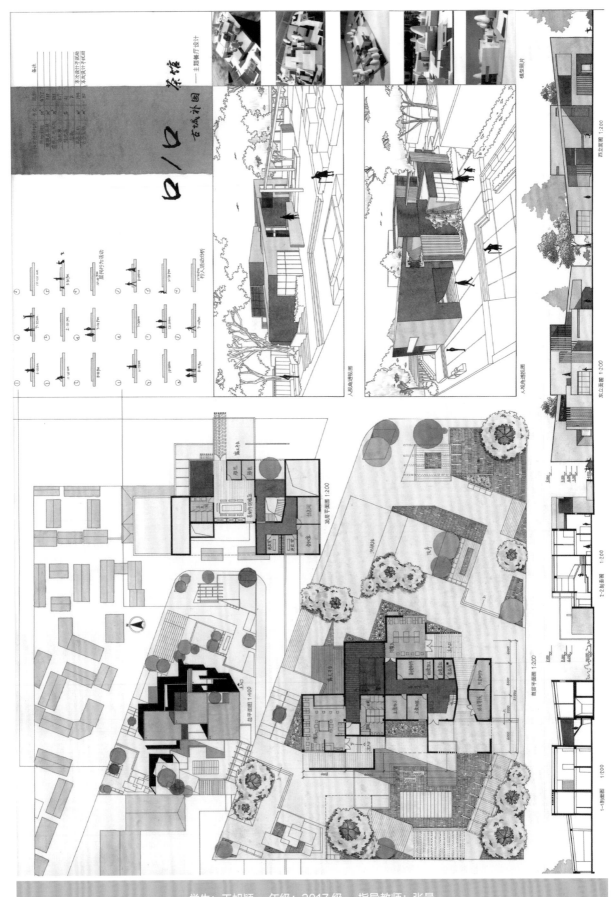

学生：王旭颖　　年级：2017 级　　指导教师：张曼

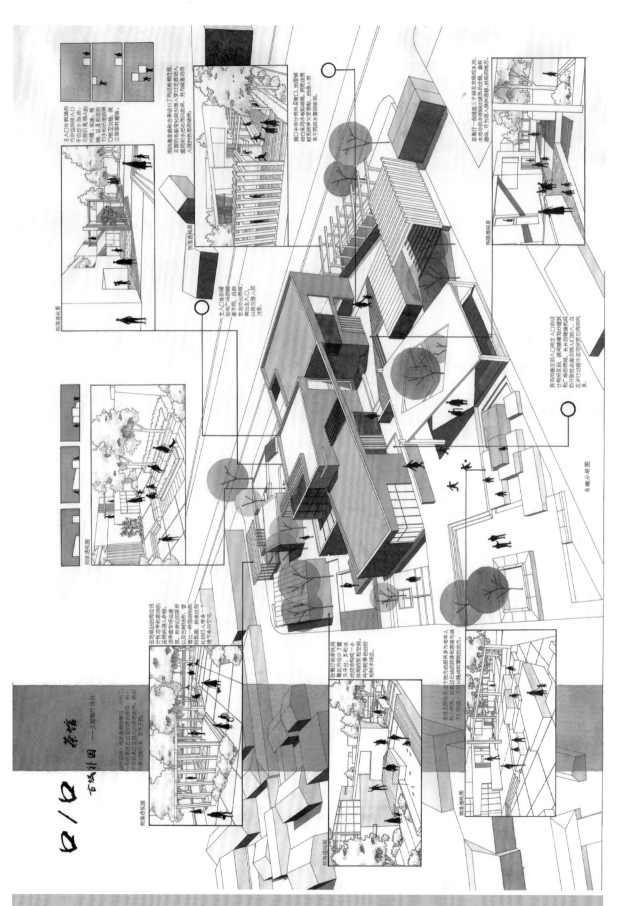

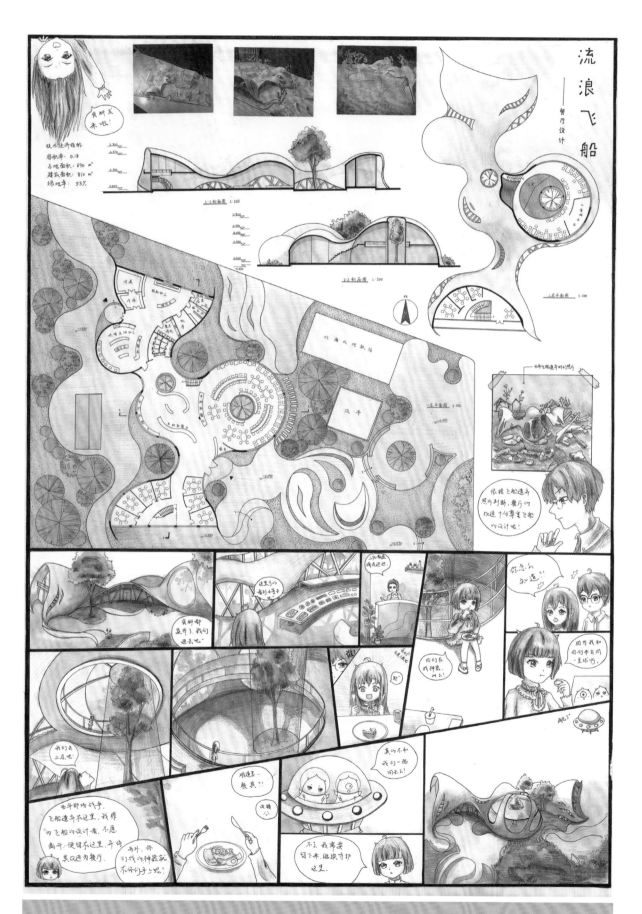

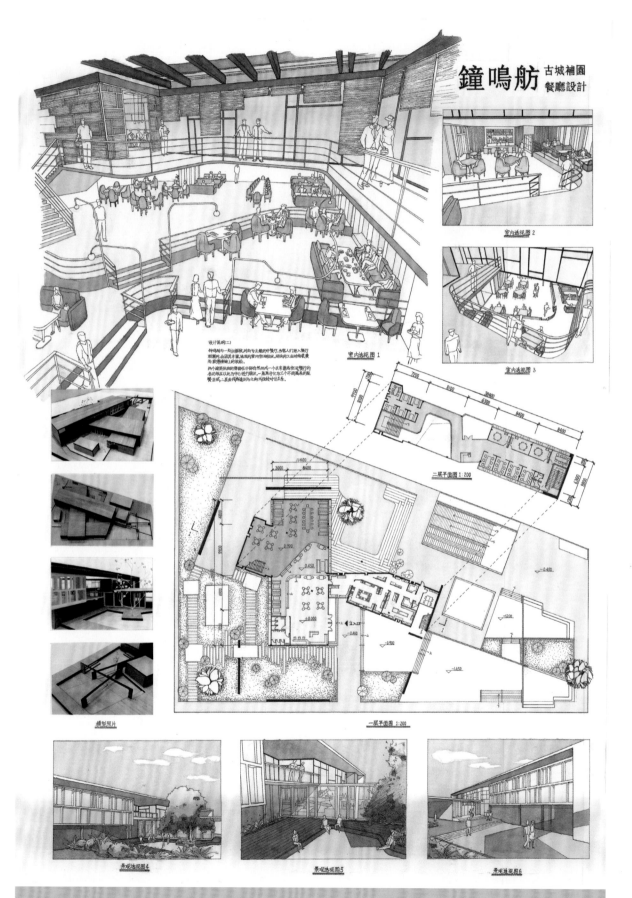

鐘鳴舫 古城補園 餐廳設計

室内透视图 2

室内透视图 3

室内透视图 1

设计说明（二）

二层平面图 1:200

一层平面图 1:200

模型照片

景观透视图 4

景观透视图 5

景观透视图 6

学生：郭成蹊　　年级：2017 级　　指导教师：吕小勇

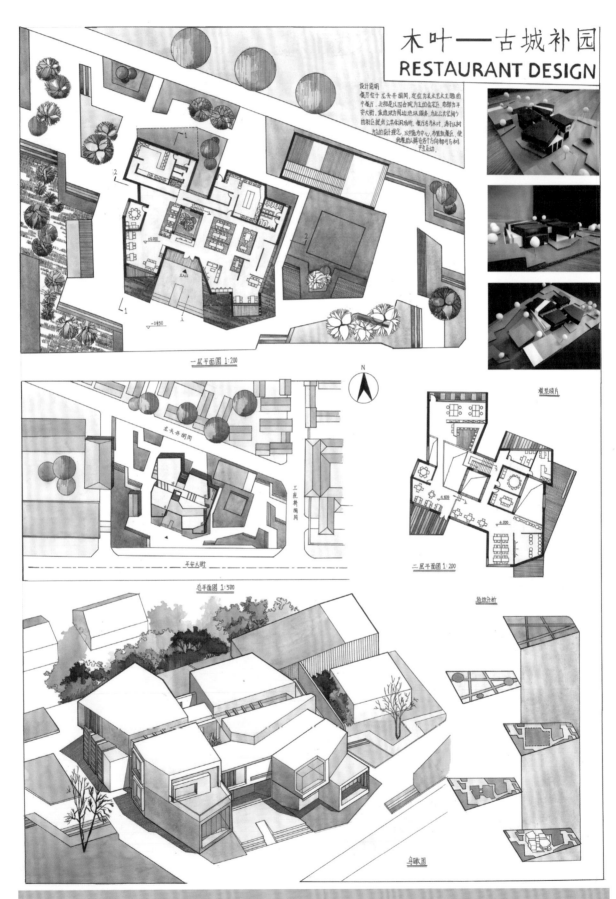

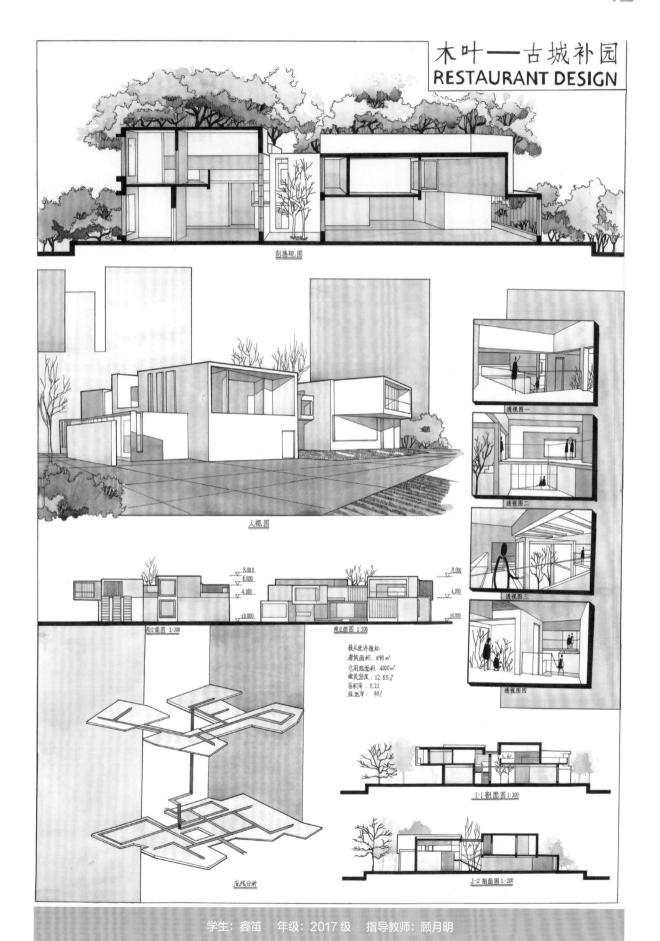

木叶—古城补园
RESTAURANT DESIGN

剖透视图

人视图

透视图一

透视图二

透视图三

透视图四

西立面图 1:200

南立面图 1:200

技术经济指标
建筑面积：896 m²
总用地面积：4000 m²
建筑高度：12.65²
容积率：0.22
绿地率：40%

流线分析

1-1 剖面图 1:200

2-2 剖面图 1:200

学生：鑫笛　年级：2017 级　指导教师：顾月明

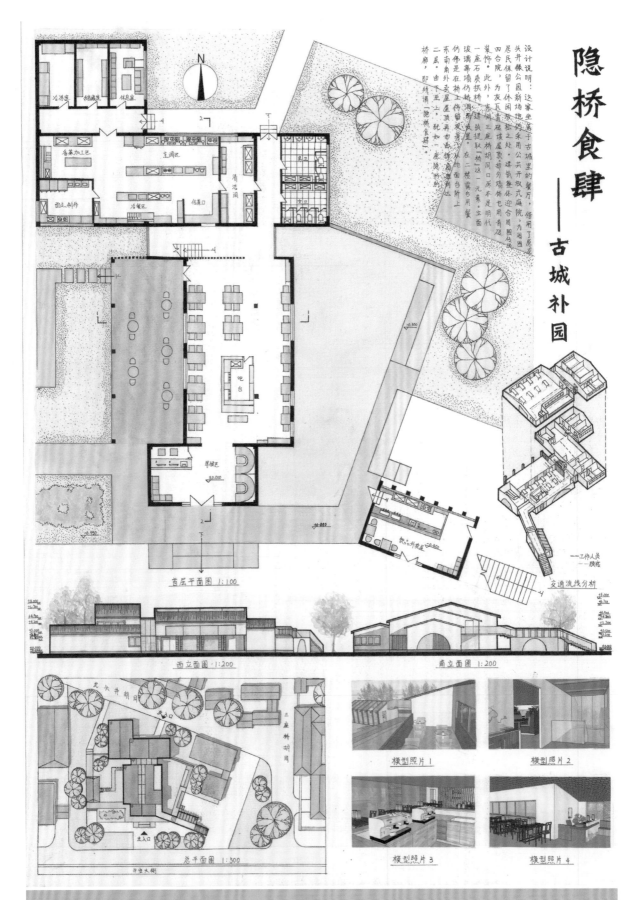

隐桥食肆
——古城补园

设计说明：这家坐落于古城里的餐厅，借用了原来头井做公园新场地，采用公共开放式庭院，方便周围居民保留了休闲放松之处。建筑整体迎合四合院，为灰瓦青砖房顶，部分瑞体也用青砖装饰。此外，茶阁三座桥胡同口原本是明代建筑提取「桥」这一元素立面桥洞而设置。在二楼露台用餐，波璃幕墙仿桥洞形式，仿佛在桥上停留观景，从地面台阶上东南角外委屋屋顶再到城墙的二层。由下至上，犹如一座隐桥的桥廊，即所谓「隐桥食肆」。

冷冻室　桃藏室　饮息室

香菜加工巴　宣调区

面点制作　冷餐区　住藏室

清洗间

男卫

女卫

吧台

首层平面图 1:100

交通流线分析
——工作人员
——顾客

西立面图 1:200　　　　**南立面图 1:200**

总平面图 1:500
平安大街

模型照片 1　　　**模型照片 2**

模型照片 3　　　**模型照片 4**

学生：吴梦迪　　年级：2018 级　　指导教师：张颖异

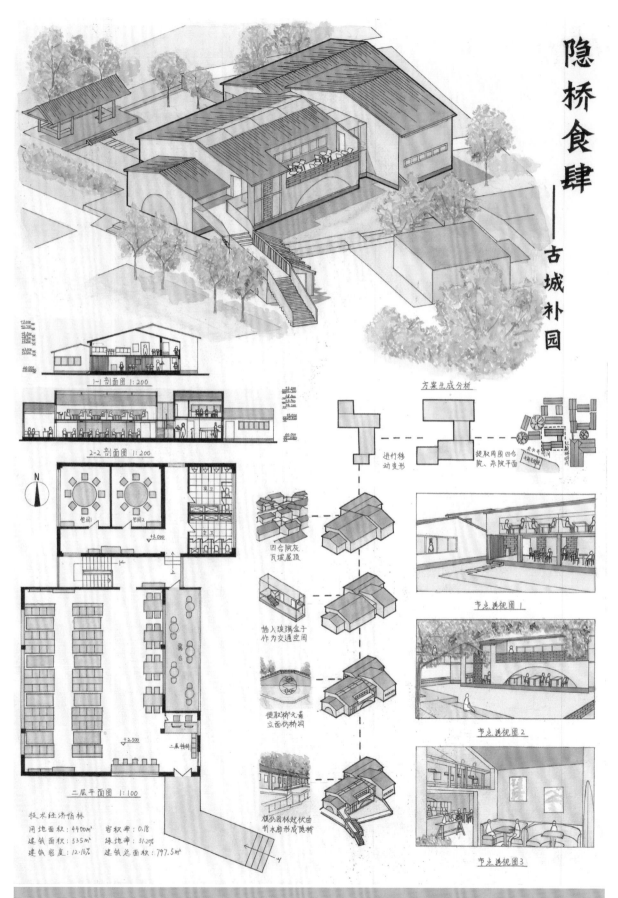

隐桥食肆

——古城补园

1-1 剖面图 1:200

2-2 剖面图 1:200

方案生成分析

进行移动变形

提取用围四合院、亦院平面

四合院灰瓦坡屋顶

插入玻璃盒子作为交通空间

提取"桥"元素立面仿桥洞

根据园林起伏曲前木廊形成隐桥

N

包间1   包间2

+3.000

+2.300

二层平面图 1:100

技术经济指标

用地面积:4400m²   容积率:0.18
建筑面积:535m²   绿地率:51.2%
建筑密度:12.16%   建筑总面积:797.5m²

节点透视图1

节点透视图2

节点透视图3

学生:吴梦迪   年级:2018 级   指导教师:张颖异

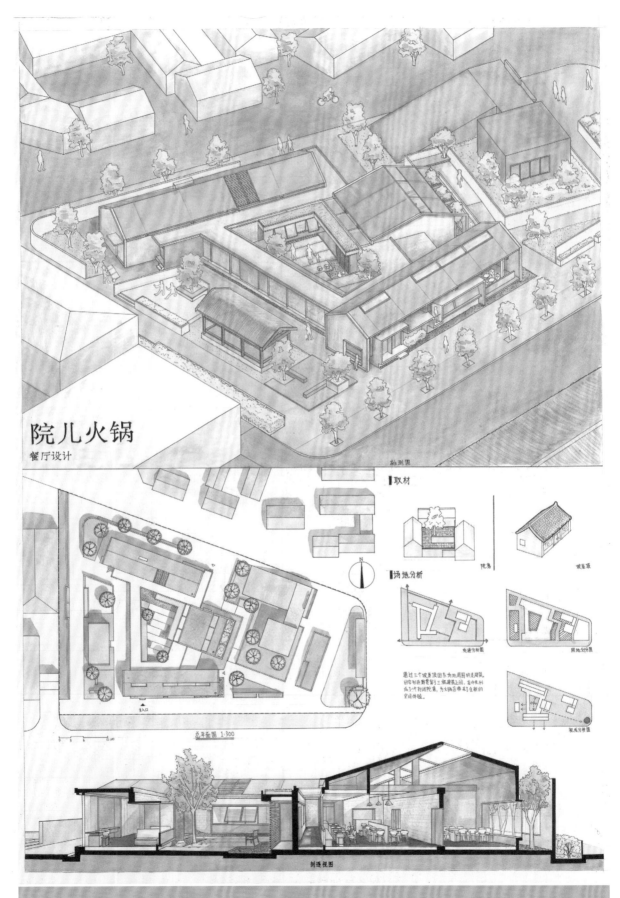

院儿火锅

餐厅设计

轴测图

取材

场地分析

院落

坡屋顶

总平面图 1:300

剖透视图

院儿火锅
餐厅设计

学生：卢映知　年级：2018 级　指导教师：王如欣

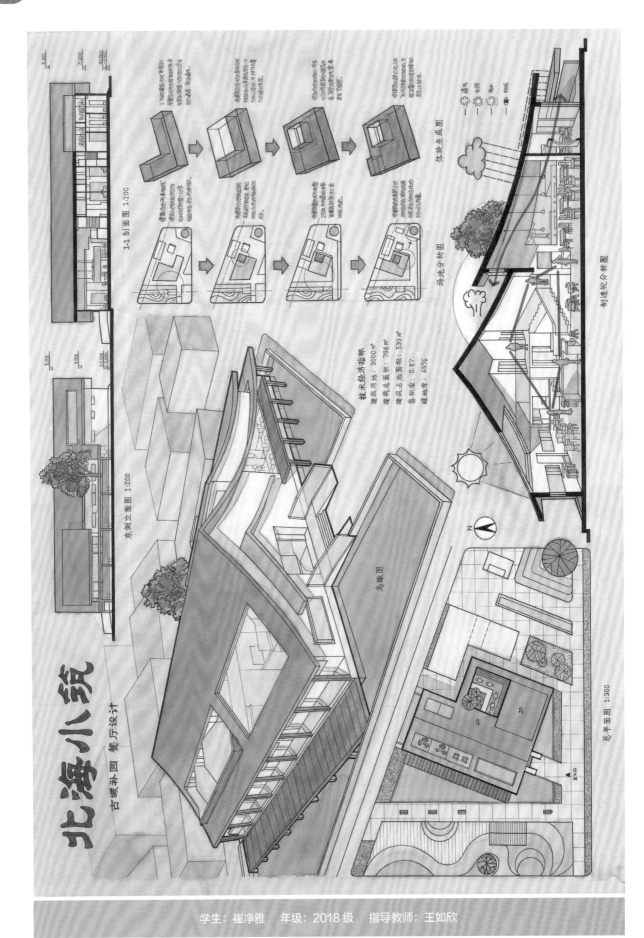

北海小筑

古城补园 餐厅设计

学生：崔净雅　年级：2018 级　指导教师：王如欣

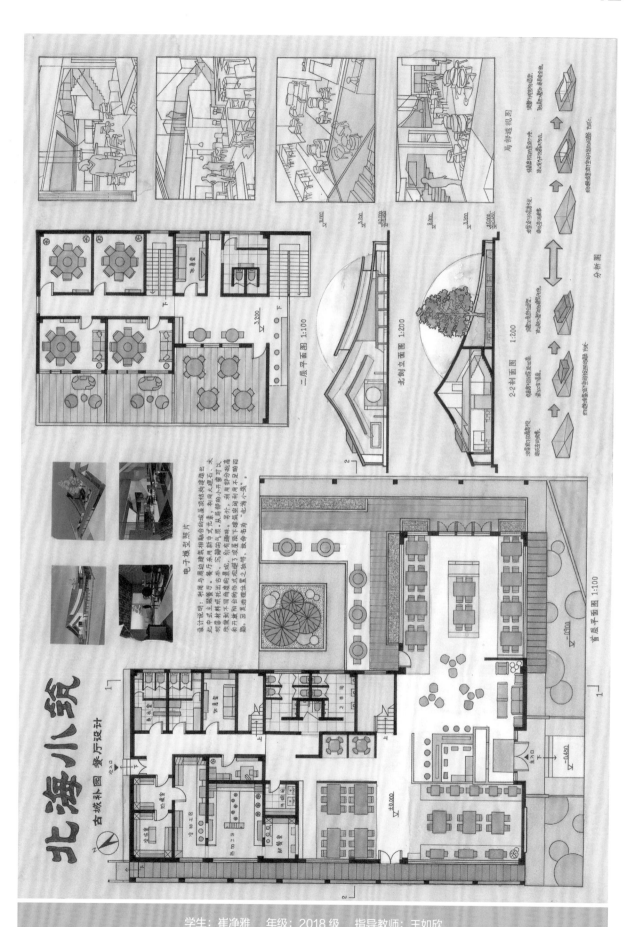

北海小筑

古城补园 餐厅设计

电子模型照片

局部透视图

分析图

二层平面图 1:100

北侧立面图 1:200

2-2剖面图 1:200

首层平面图 1:100

学生：崔净雅　　年级：2018 级　　指导教师：王如欣

学生：吴兆庆　　年级：2019 级　　指导教师：吕小勇

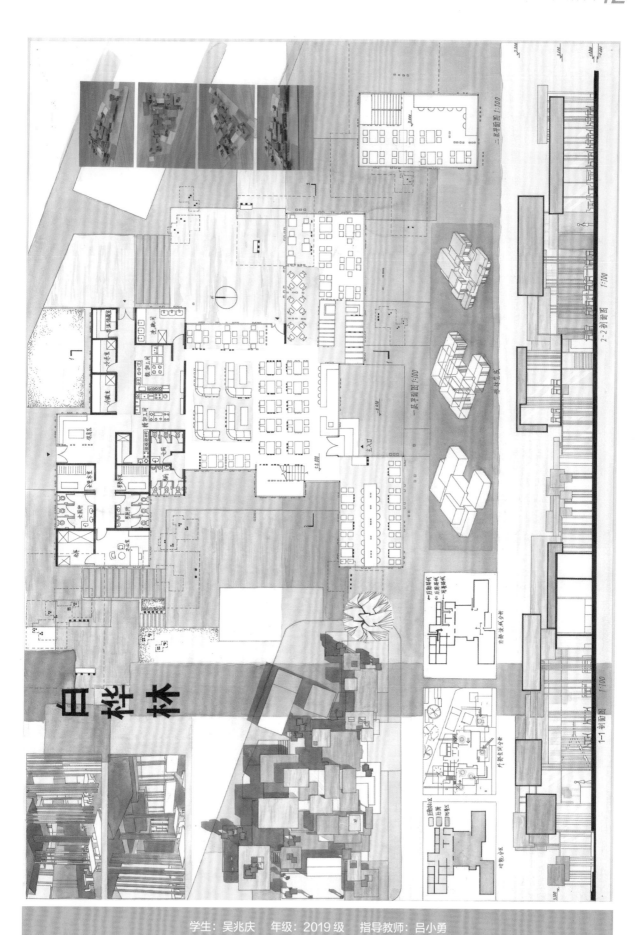

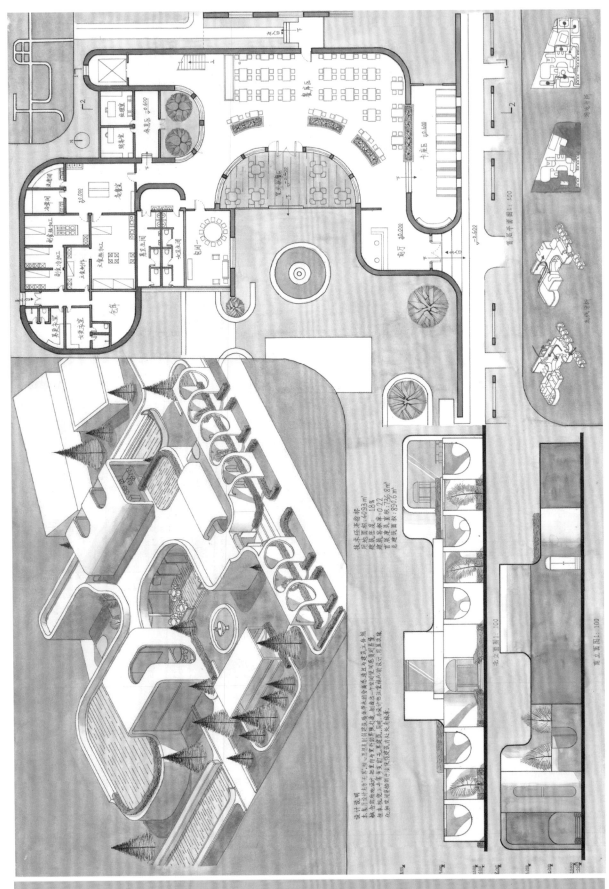

学生：吴泽阳　　年级：2019 级　　指导教师：顾月明

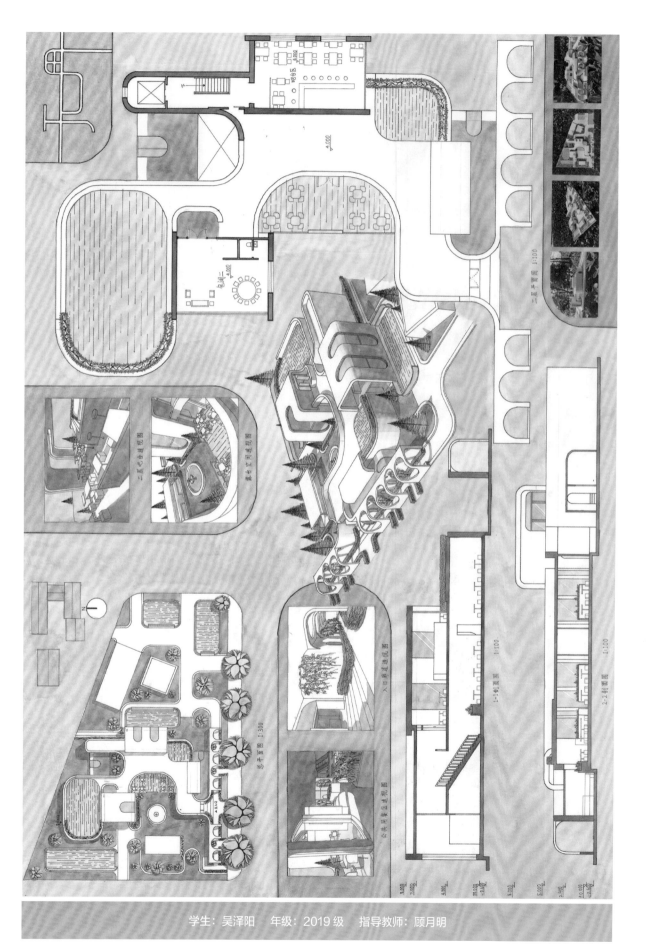

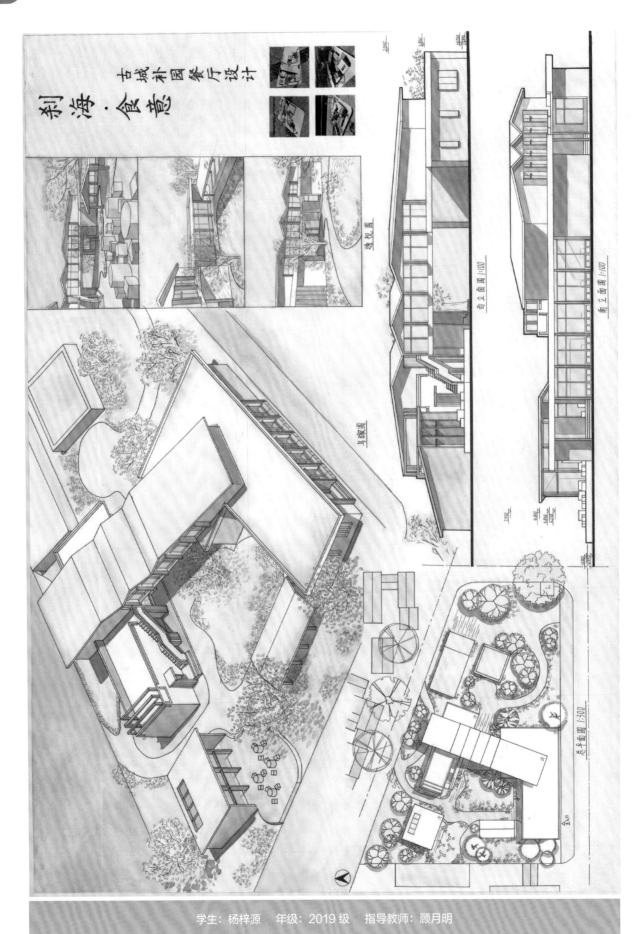

刹海·食意

古城朴园餐厅设计

透视图

鸟瞰图

西立面图 1:100

南立面图 1:100

总平面图 1:300

学生：杨梓源　　年级：2019 级　　指导教师：顾月明

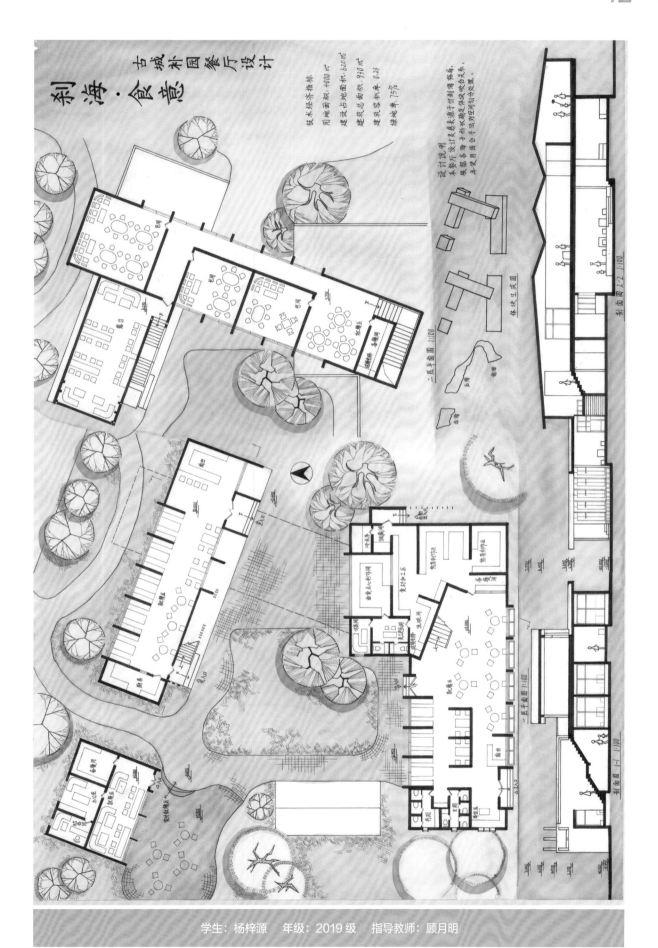

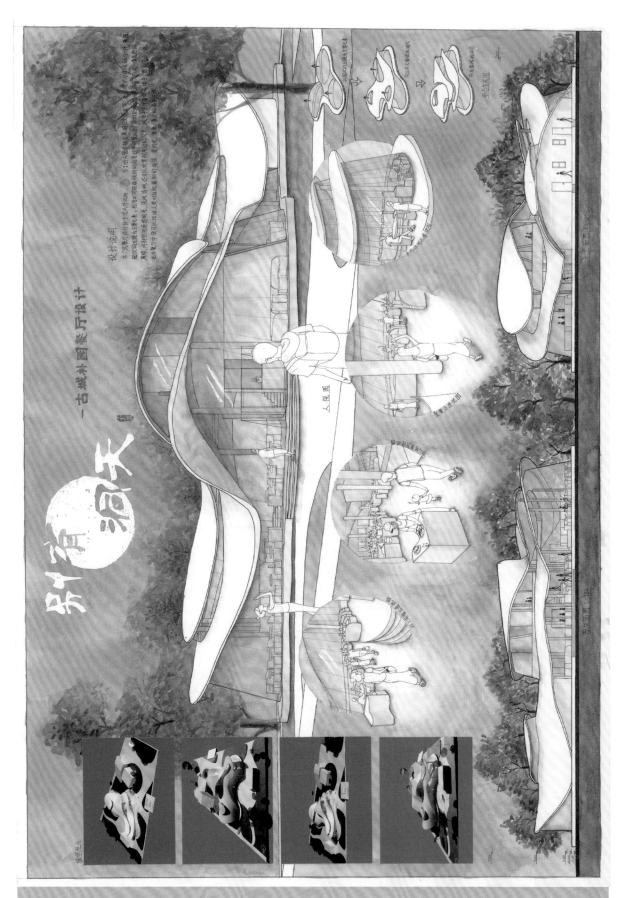

学生：慕希雅　年级：2019 级　指导教师：张颖异

13

幼儿园设计

一、题目简介

幼儿园是对 3 ～ 6 周岁的幼儿进行集中保育、教育的学前使用场所。本课题要求学生在北京旧城胡同中的一块场地设计一所六班幼儿园；掌握多个基本单元空间组合的设计方法；培养学生倾听使用者需求的能力，强化以人为本的建筑理念。

二、教学目标

1. 学习并了解幼儿的心理和行为特点及其与空间的关联。

2. 学习并掌握幼儿园建筑的功能构成、功能流线、功能关系及使用管理模式；学习并掌握幼儿园的基本空间特征及其组合方式。

3. 学习并掌握幼儿园建筑的相关设计规范。

4. 完善、提高建筑设计表现技巧。

5. 继续深化以"功能与形式""场地与文脉""技术与安全""理念与表达"为核心的建筑思维培养与建筑设计方法学习。

三、设计内容和要求

1. 建筑面积为 1500 m²（可上下浮动 5%），层数不超过 3 层，限高 13 m，具体要求如下表所示。

功能	房间名称	每间面积 / m²	间数	合计面积 / m²	总面积 / m²
生活用房	活动室	60	6	360	990
	寝室	60	6	360	
	卫生间	15	6	90	
	衣帽储藏间	10	6	60	
	音体室	120	1	120	
服务用房	医务室	20	1	20	137
	隔离室	12	1	12	
	晨检室	12	1	12	
	办公室	12	3	36	
	会议室	15	1	15	
	值班室	12	1	12	
	卫生间	20	1	20	
	储藏室	10	1	10	
后勤用房	主副食加工间	40	1	40	105
	主食库	10	1	10	
	副食库	10	1	10	
	配餐间	15	1	15	
	冷藏间	5	1	5	
	消毒间	10	1	10	
	洗衣间	15	1	15	
活动场地	室外活动场	60	6	360	640
	公共活动场	280	1	280	

2. 用地位于北京前门东区院落街区，北临西兴隆街，西南临长巷四条，东临长巷五条，周边基本被传统民宅所环绕，地势平坦，用地面积约 3000 m²，用地红线如下图所示。退线要求：建筑红线北侧退线 5 m，其他边界退线 3 m。

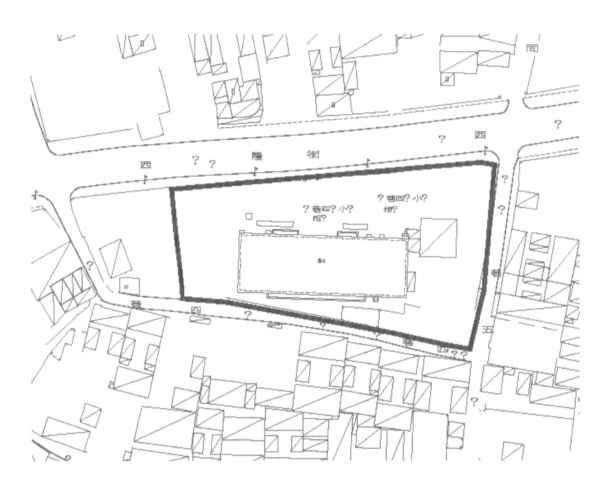

3. 建立城市设计思维，在深入调研的基础上，充分考虑新建幼儿园与周边环境的关系。

4. 仔细学习了解幼儿特点，创造符合幼儿心理与生理的学习、生活空间场所。

5. 熟练掌握幼儿园设计规范，确保幼儿园设计的健康、安全与便捷。

6. 规范、生动地完成设计表达。

四、成果要求

1. 成果模型，比例为 1 ： 200，底板尺寸全班统一，模型注意颜色的统一与变化。

2. 正式图纸，至少 2 幅 A1 手绘图纸，表现形式以钢笔淡彩为主，具体内容包括：

①总平面图，比例 1 ： 500，注明层数、出入口，正确表达道路的交接关系，画出红线内全部道路、景观、活动场地、30 m 跑道等，标注指北针；

②平面图，比例 1 ： 200，应注明各房间名称；

③立面图，不少于 2 幅，比例 1 ： 200，分线型，有阴影，画配景；

④剖面图，不少于 2 幅，比例 1 ： 200，选择最能体现建筑特点的地方进行剖切；

⑤活动单元平面图，比例 1 ： 100，通过空间设计和家具布置体现单元的功能布局；

⑥分析图若干，粘贴模型照片 4 张；

⑦效果图，主透视图或大轴测图 1 幅，小透视图、小剖透视图或小轴测图等若干，选择恰当的视角，要求能够表达设计特点和设计理念；

⑧设计说明和技术经济指标。

五、学生作业

学生作业见后页图。

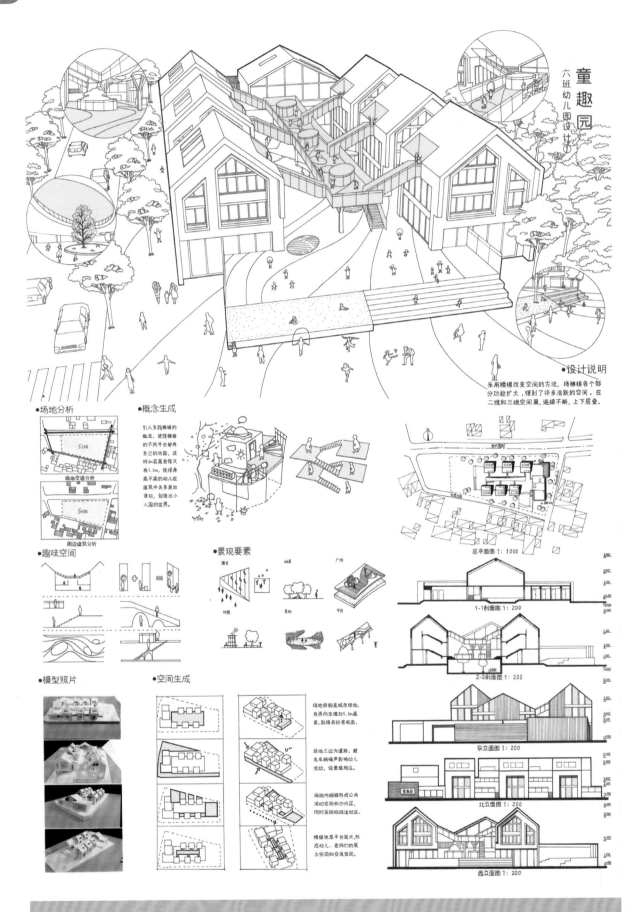

童趣园
六班幼儿园设计

• 设计说明
采用楼梯改变空间的方法，将楼梯各个部分功能扩大，得到了许多活跃的空间。在二维和三维空间里，连续不断，上下层叠。

• 场地分析

• 概念生成
引入多跑楼梯的概念，使得楼梯的不同平台都有自己的功能，这样3m层高变得只有1.5m，使得身高不高的幼儿在建筑中关系更加亲切，创造出小人国的世界。

• 周边建筑分析

• 趣味空间

• 景观要素

总平面图 1:1000

1-1剖面图 1:200

2-2剖面图 1:200

东立面图 1:200

北立面图 1:200

• 模型照片

• 空间生成
场地西侧是城市绿地，自西向东增加1.5m高差，取得良好景观面。

场地三边为道路，避免车辆噪声影响幼儿活动，设置植物区。

场地内错错形成公共活动空间和沙坑区，同时安排班级活动区。

楼梯休息平台放大，形成幼儿、老师们的展示空间和交流空间。

西立面图 1:200

学生：翟涛　　年级：2017 级　　指导教师：张曼

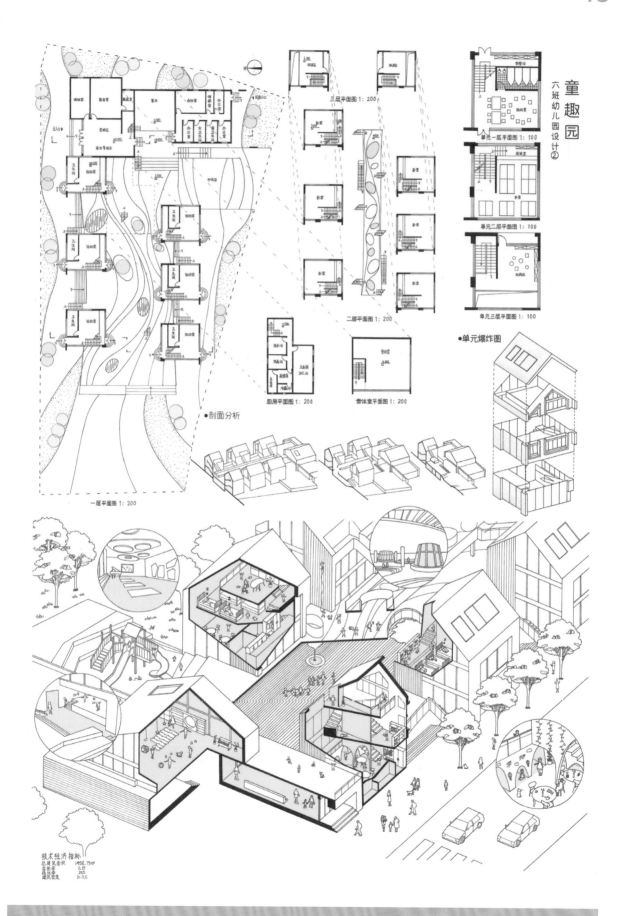

三层平面图 1: 200

二层平面图 1: 200

厨房平面图 1: 200   会体室平面图 1: 200

●剖面分析

一层平面图 1: 200

童趣园
六班幼儿园设计②

单元一层平面图 1: 100

单元二层平面图 1: 100

单元三层平面图 1: 100

●单元爆炸图

技术经济指标
总建筑面积 1458.7㎡
容积率 0.37
绿地率 25%
建筑密度 31.5%

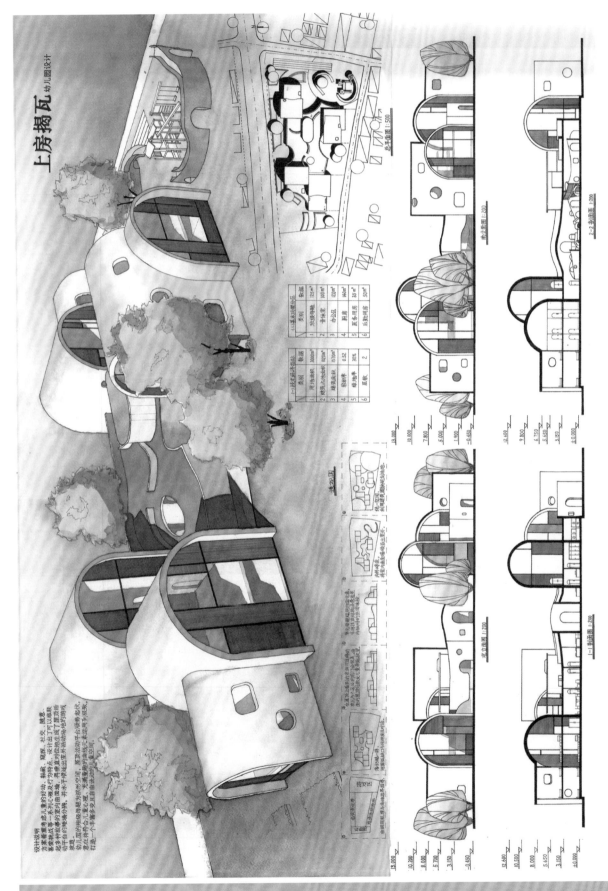

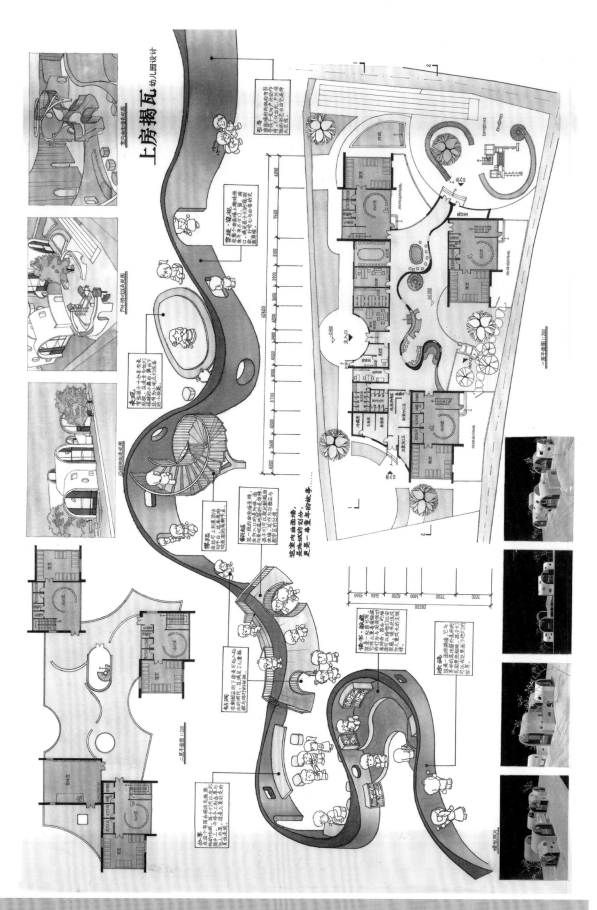

上房揭瓦 幼儿园设计

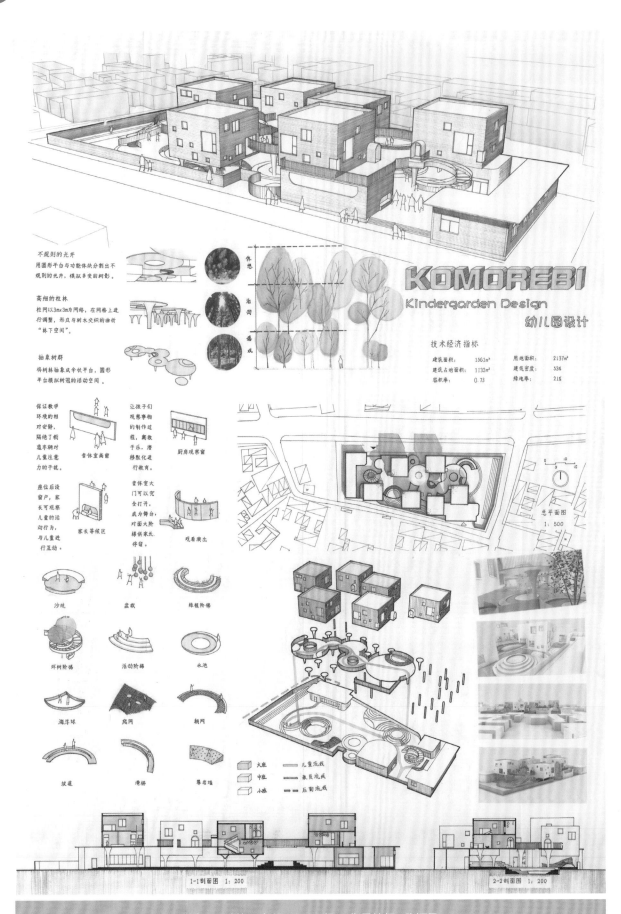

不规则的光井
用圆形平台与功能体块分割出不规则的光井，模拟多变的树影。

高细的柱林
柱网以3m×3m为网络，在网格上进行调整，形成与树木交织的曲折"林下空间"。

抽象树群
将树林抽象或伞状平台，圆形平台模拟树冠的活动空间。

KOMOREBI
Kindergarden Design
幼儿园设计

技术经济指标

建筑面积：	1561m²	用地面积：	2137m²
建筑占地面积：	1132m²	建筑密度：	53%
容积率：	0.73	绿地率：	21%

保证教学环境的相对安静，隔绝了烟道车辆对儿童注意力的干扰。
音体室高窗

让孩子们观察事物的制作过程，离教于乐，潜移默化进行教育。
厨房观察窗

座位后设窗户，家长可观察儿童的活动行为，与儿童进行互动。
家长等候区

音体室大门可以完全打开，成为舞台，对面大阶梯供家长停留。
观看演出

沙坑　　盆栽　　绿植阶梯

环树阶梯　　活动阶梯　　水池

海洋球　　爬网　　拱门

坡道　　滑梯　　攀岩墙

总平面图 1：500

大班　儿童流线
中班　教员流线
小班　后勤流线

1-1剖面图 1：200　　2-2剖面图 1：200

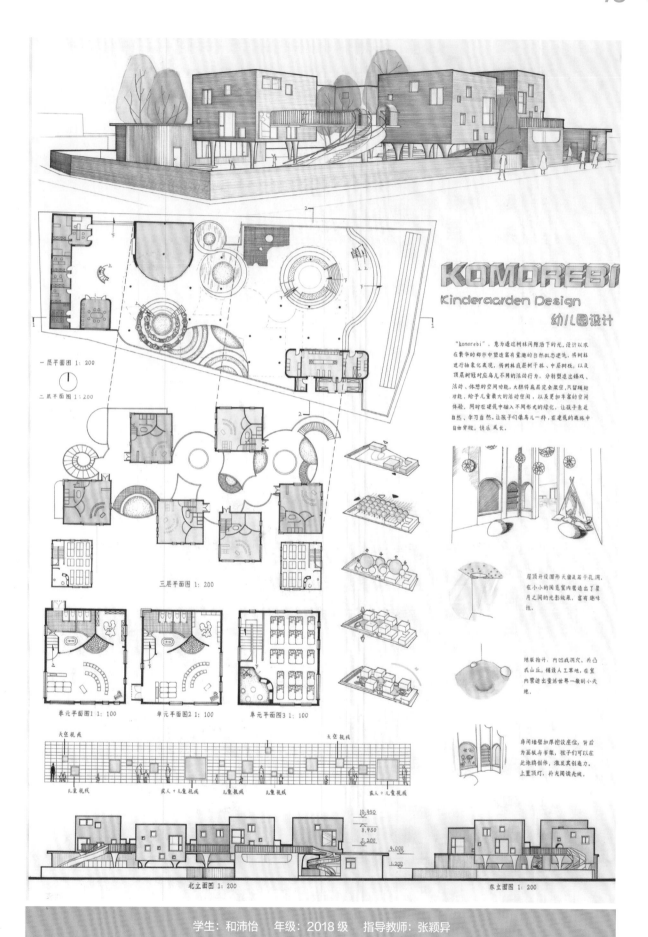

KOMOREBI
Kindergarden Design
幼儿园设计

"komorebi"，意为透过树林间隙洒下的光，设计以求在繁华的都市中塑造富有童趣的自然栖息建筑，将树林进行抽象化表现，将树林底层树干林、中层树枝，以及顶层树冠对应婴儿不同的活动行为，分别塑造出嬉戏、活动、体思的空间功能，大胆将底层完全架空，只留辅助功能，给予儿童最大的活动空间，以及更加丰富的空间体验，同时在建筑中植入不同形式的绿化，让孩子亲近自然、学习自然，让孩子们像鸟儿一样，在建筑的树林中自由穿梭，快乐成长。

一层平面图 1:200

二层平面图 1:200

三层平面图 1:200

单元平面图1 1:100   单元平面图2 1:100   单元平面图3 1:100

屋顶开设圆形天窗及若干孔洞，在小小的阁楼室内塑造出星月之间的光影效果，富有趣味性。

地坪抬升，内凹成洞穴，外凸式山丘，铺设人工草地，在室内营造出童话世界一般的小天地。

房间墙壁加厚挖设座位，背后为画板与书架，孩子们可以在此涂鸦创作，激发其创造力。上置顶灯，补充阅读光线。

天空视线   天空视线
儿童视线   成人+儿童视线   儿童视线   儿童视线   成人+儿童视线

10.430
8.450
5.200
4.000
1.200

北立面图 1:200   东立面图 1:200

学生：和沛怡   年级：2018 级   指导教师：张颖异

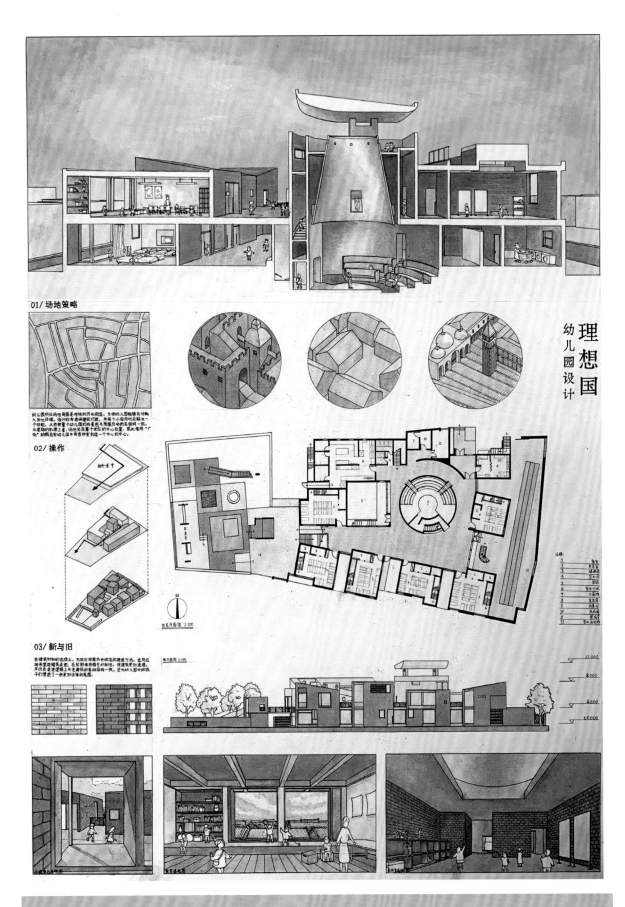

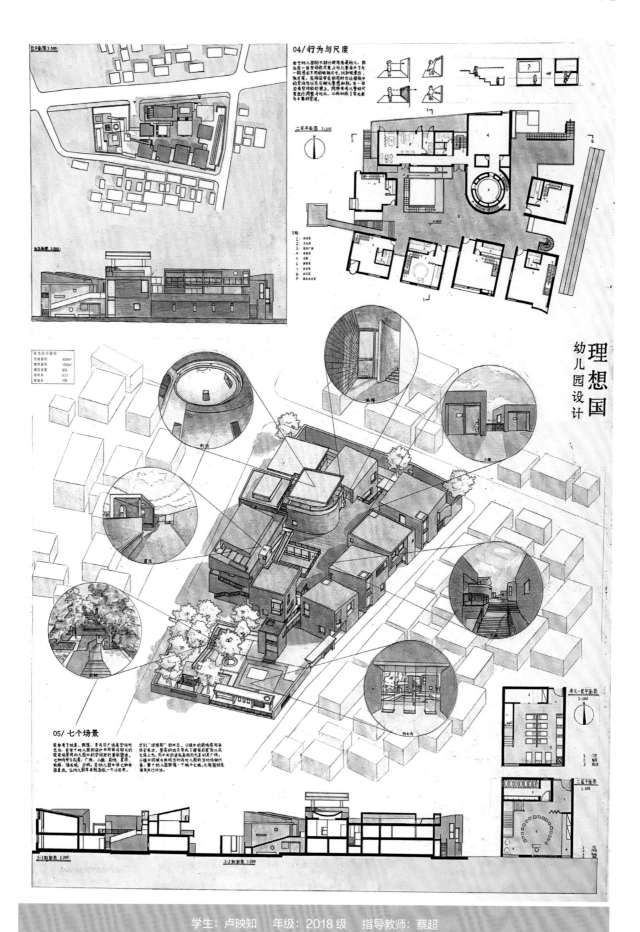

理想国
幼儿园设计

04/ 行为与尺度

二层平面图 1:200

05/ 七个场景

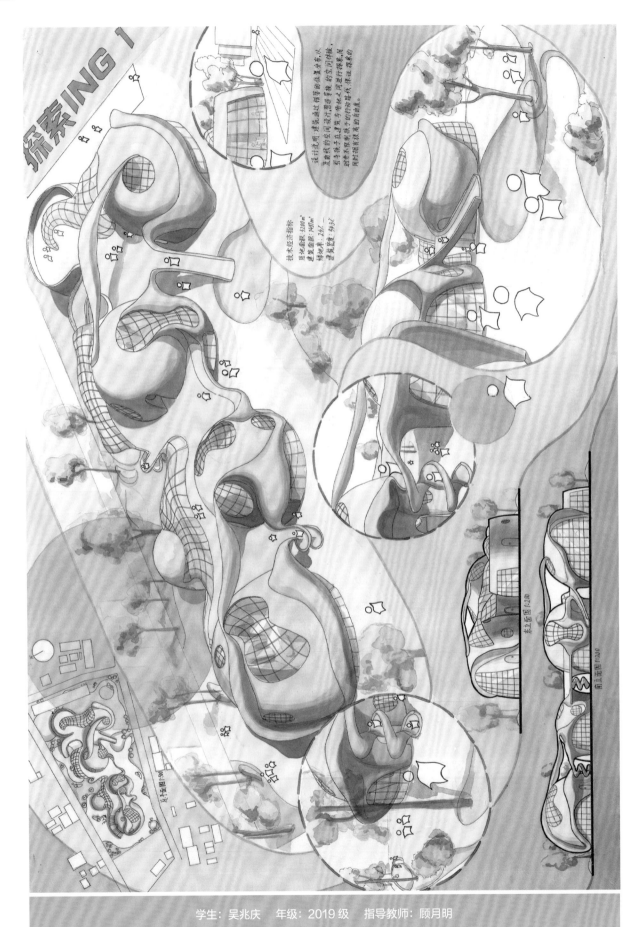

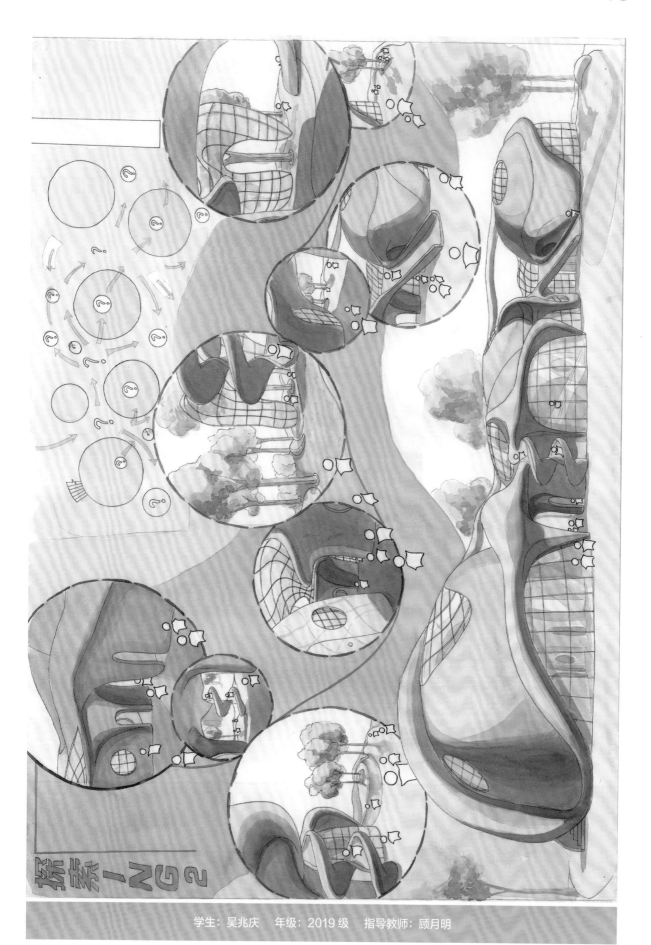

学生：吴兆庆　　年级：2019 级　　指导教师：顾月明

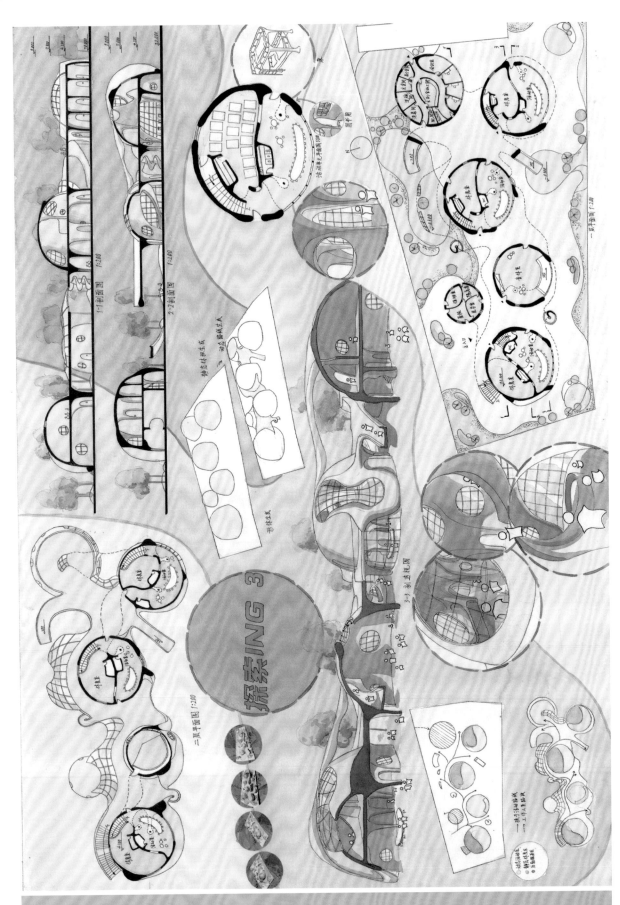

学生：吴兆庆   年级：2019 级   指导教师：顾月明

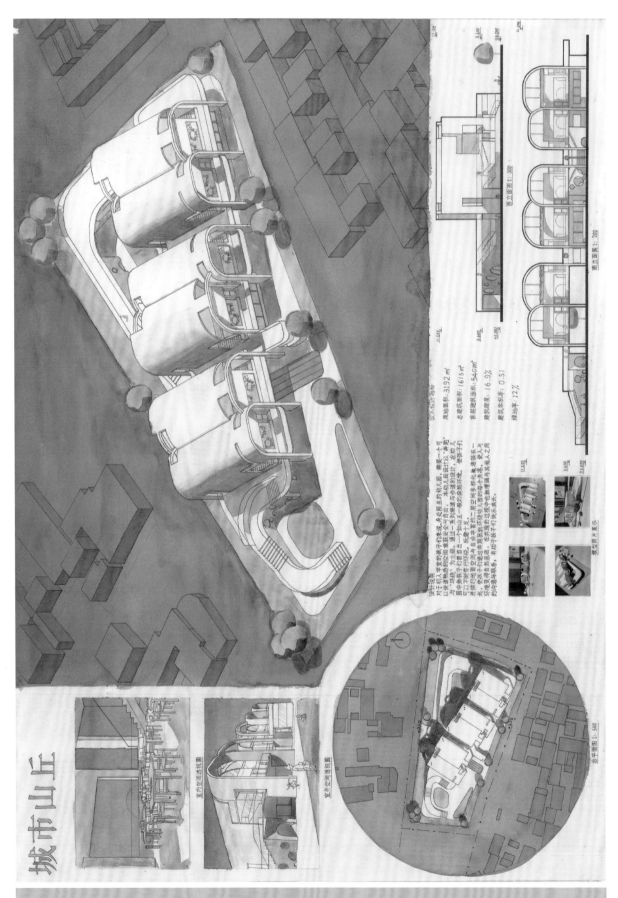

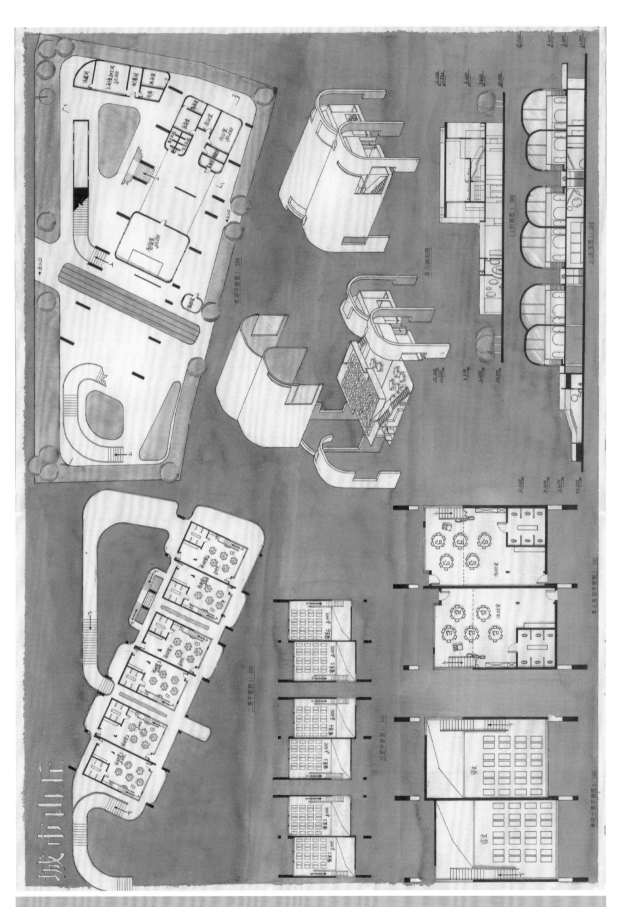

城市山丘

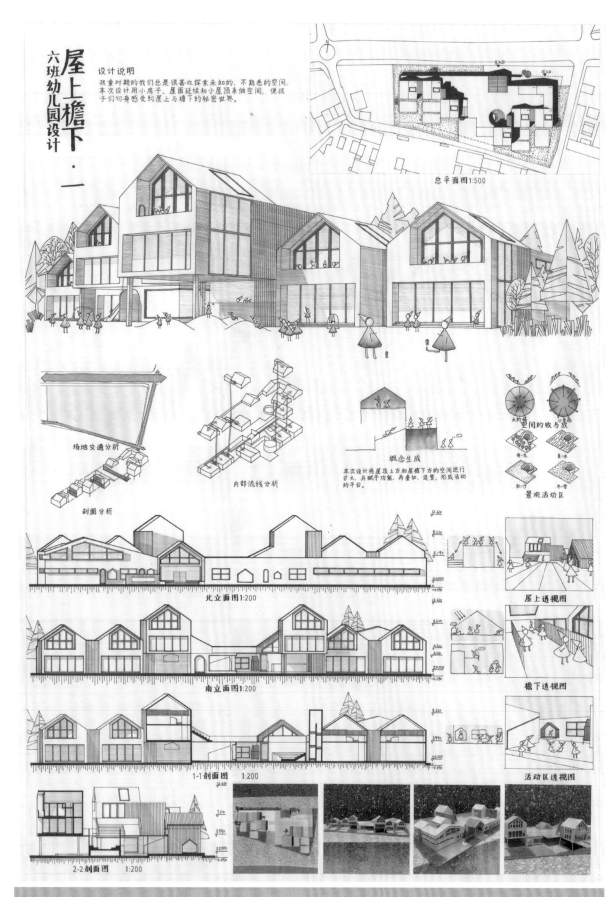

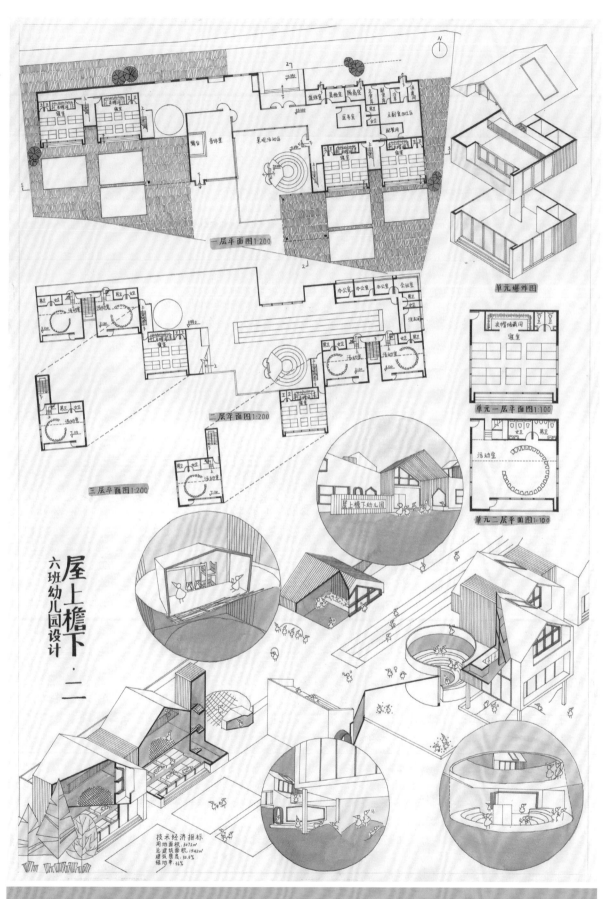

一层平面图1:200

二层平面图1:200

三层平面图1:200

单元爆炸图

单元一层平面图1:100

单元二层平面图1:100

屋上檐下幼儿园

屋上檐下·二
六班幼儿园设计

技术经济指标
用地面积: 3073m²
总建筑面积: 1542m²
建筑密度: 31.8%
容积率: 46%

学生：张静远　年级：2019 级　指导教师：王如欣

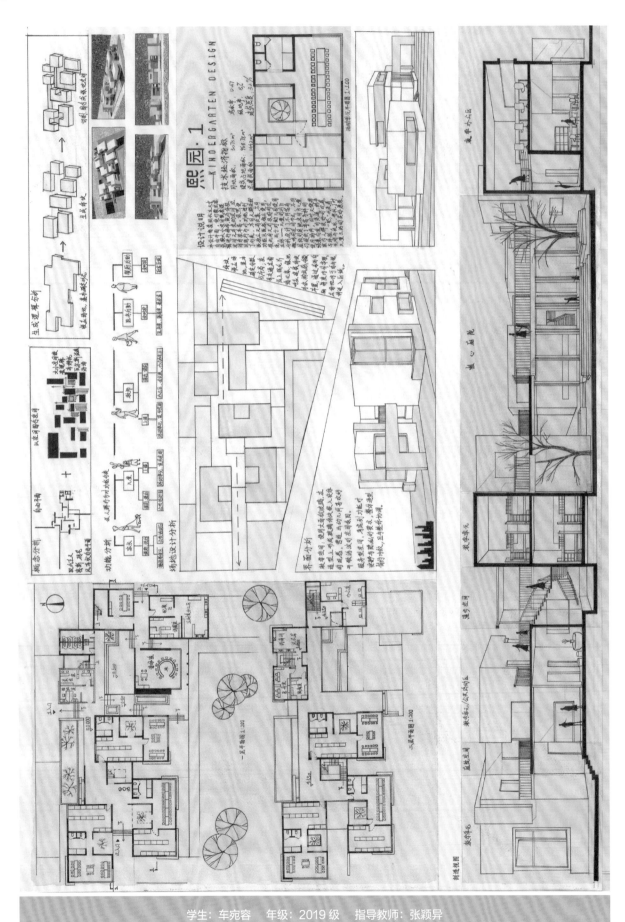

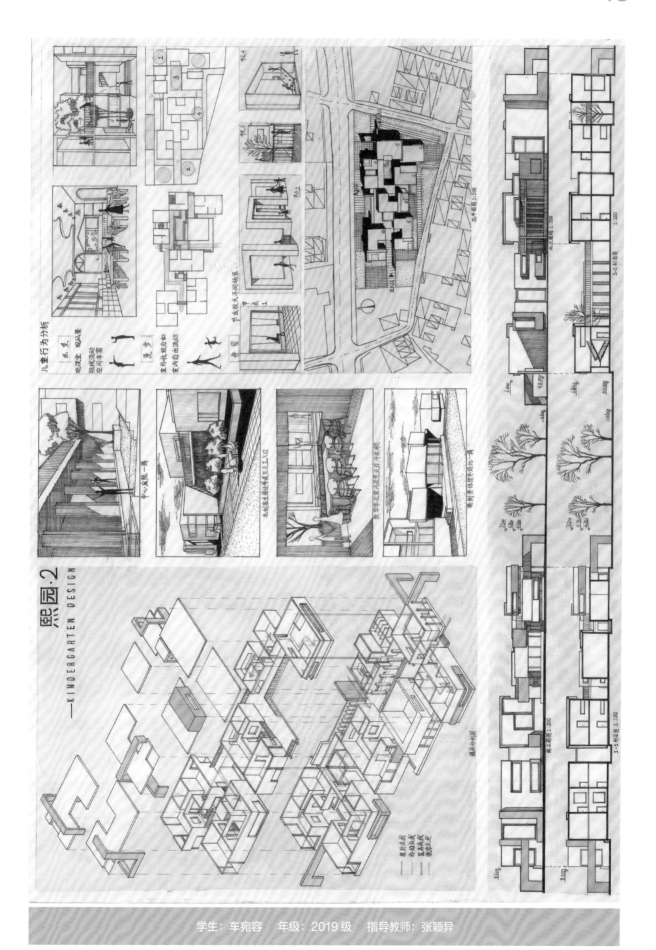

Dots and Loops
点与循环

学生：康牧铧　　年级：2019 级　　指导教师：顾月明

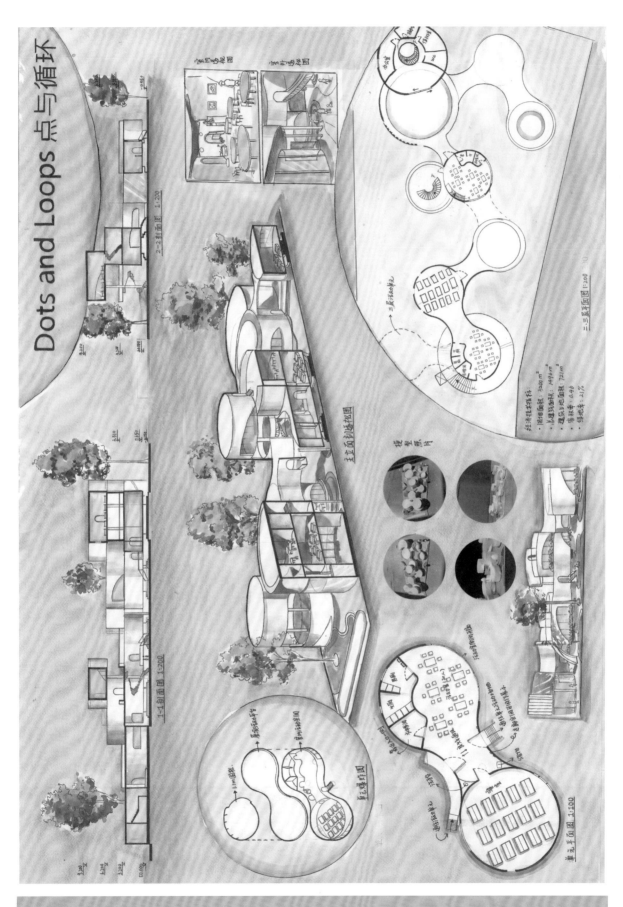

学生：康牧铧　年级：2019 级　指导教师：顾月明

弄冰 ① ——6班幼儿园设计

设计说明

"稚子金盆脱晓冰，彩丝穿取当银铮。敲成玉磬穿林响，忽作玻璃碎地声。"诗人杨万里捕捉取瞬间快景，避开直接描写，用生动形象的"穿林"响声和贴切的比喻，拥簇稚子以冰为钲、自得其乐的盎然意趣。本方案通过几何形体的组合、片墙的穿插和二层几何形式的连廊，塑造了符合儿童探索天性的流线与空间，同时通过连廊为不同年龄段的孩子提供室外活动和共同交流的空间，结合儿童穿趣、弄跑的行为习惯和对趣味空间的偏爱，形成了不同的空间氛围，为儿童带来丰富有趣的学习、生活体验。

单元平面图1:100

概念生成   视觉方向分析   视线因素

意象图

一层平面图1:200

1-1剖面图1:200   东立面图1:200

2-2剖面图1:200

学生：李叶桐　　年级：2019 级　　指导教师：王如欣

弄冰 ②

技术经济指标
用地面积：3000m²　绿化率：30%
总建筑面积：1493m²　层数：2层
容积率：0.5

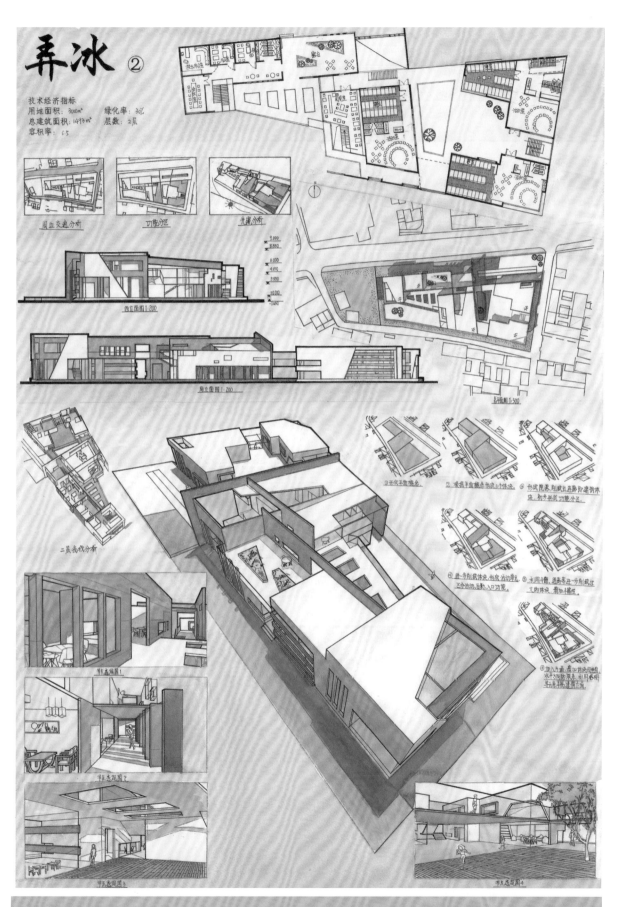

园址交通分析　　功能分区　　光照分析

西立面图1:200

南立面图1:200

总平面图1:500

二层流线分析

节点透视图1

节点透视图2

节点透视图3

节点透视图4

学生：李叶桐　　年级：2019级　　指导教师：王如欣

内容简介

本书为较为完整地介绍了近三年来北京建筑大学城乡规划专业一、二年级"设计初步"和"建筑设计"两门课程的教学内容,总结了北京建筑大学城乡规划专业近三年在规划设计基础课程上的教学理念、思路和方法,并且精选了近三年的一些比较优秀的学生设计作品。这些设计作品思路新颖,基本功比较扎实,并且能集中反映北京建筑大学城乡规划专业低年级城乡规划启蒙的教学内容、理念、思路和方法,对城乡规划专业及相关专业的师生具有重要的参考意义。

图书在版编目(CIP)数据

规划设计基础教学探索与实践 / 顾月明,张颖异,杨震编著. —武汉 :华中科技大学出版社,2022.9
ISBN 978-7-5680-8685-1

Ⅰ.①规… Ⅱ. ①顾… ②张… ③杨… Ⅲ. ①城乡规划-建筑设计-教学研究-高等学校 Ⅳ. ①TU984

中国版本图书馆CIP数据核字(2022)第163363号

规划设计基础教学探索与实践   顾月明 张颖异 杨震 编著
GUIHUA SHEJI JICHU JIAOXUE TANSUO YU SHIJIAN

出版发行:华中科技大学出版社(中国·武汉)   电话:(027)81321913
         武汉市东湖新技术开发区华工科技园   邮编:430223
出 版 人:阮海洪

策划编辑:简晓思   责任监印:朱 玢
责任编辑:简晓思   装帧设计:金 金

印   刷:湖北金港彩印有限公司
开   本:889 mm×1194 mm   1/16
印   张:12.5
字   数:120千字
版   次:2022年9月第1版第1次印刷
定   价:108.00元